"十三五"普通高等教育本科部委级规划教材

U0189767

服装设计
实训教程

闫亦农　主　编
赵冠华　薛煜东　副主编

国家一级出版社　　中国纺织出版社　全国百佳图书出版单位

内 容 提 要

本书是"十三五"普通高等教育本科部委级规划教材。从现代服装设计的基本需求出发,从理论到实践,层层递进,图文并茂,有基础理论知识、扩展知识、案例分析、实践训练展示等内容,资料翔实,内容丰富,能够直接指导设计专业的学生学习和实践,具有较高的阅读和参考价值。

本书可作为服装专业在校学生学习,也可作为从事服装设计工作的设计师及相关人员和服装设计爱好者学习、参考、阅读。

图书在版编目(CIP)数据

服装设计实训教程 / 闫亦农主编 . -- 北京:中国纺织出版社,2017.11

"十三五"普通高等教育本科部委级规划教材

ISBN 978-7-5180-4448-1

Ⅰ.①服… Ⅱ.①闫… Ⅲ.①服装设计—高等学校—教材 Ⅳ.①TS941.2

中国版本图书馆 CIP 数据核字(2017)第 313628 号

策划编辑:孙成成 裴 康 责任编辑:杨 勇

责任校对:寇晨晨 责任印制:王艳丽

中国纺织出版社出版发行

地址:北京市朝阳区百子湾东里 A407 号楼 邮政编码:100124

销售电话:010 — 67004422 传真:010 — 87155801

http://www.c-textilep.com

E-mail:faxing@c-textilep.com

中国纺织出版社天猫旗舰店

官方微博 http://weibo.com/2119887771

北京玺诚印务有限公司印刷 各地新华书店经销

2017 年 11 月第 1 版第 1 次印刷

开本:787×1092 1/16 印张:15

字数:300 千字 定价:49.80 元

前　言

　　今天，服装已呈现出多样化、个性化的设计发展方向，丰富多彩的生活正在改变着人们的生活观念和方式。对于服装人们更多的是用身体直接感受服装设计的穿着效果，从而服装受到更多人的关注。关于服装设计的相关信息日新月异，因此，对服装设计的基础学习、对信息的有效利用变得更加容易和方便。就服装设计和选择着装等方面而言，设计的意义很明确，就是把多种因素相互融合、沟通，以此产生新的设计思想和理念，使学习者有目的、有计划地去学习和运用。这就要求服装设计的学习要注重设计能力与素质的培养和提高，从被动地设计理论思维到自由设计思维发挥的自我潜能的培养。提倡直观的教学手段，启发式教学，培养学生独立思考和创造的能力，同时，提高学生综合实践设计能力。

　　本书紧紧把握当前服装市场的需求，注重学生理论教学与实践训练相结合，提高学生的实际操作能力，注重服装设计师所应具备的基本素养的培养，强调学生对服装设计原理、设计方法、设计思路及创新性思维的学习。本书从现代服装设计的基本需求出发，全面而系统地阐述了服装设计的基本概念、基本原理、设计方法、应用实践等方面的内容。主要内容包括：设计的含义、服装与服装的美、服装设计概论、服装基础设计原理、服装的造型要素、服装构成的形式法则、服装视错觉、服装造型设计、服装部件的造型设计、面料的再造设计。通过设计的含义、服装与服装的美和服装设计概论三部分的学习，可以深入理解服装的前身与未来；服装基础设计原理、服装的造型要素、服装构成的形式法则和服装视错觉四部分除了基本原理、设计方法的系统学习，更注重应用实践能力的培养；服装造型设计、服装部件的造型设计和面料的再造设计三部分主要是针对前期学习的深化，强调运用所学设计原理和设计方法进行综合设计，深化应用实践能力，注重将服装设计、结构设计和工艺设计相结合的动手能力的培养。

　　本书图文并茂，有知识点的扩充和导入，引入学科的最新研究理论，研究热点或历史背景，提升学生的科技素养和人文素养；增加案例分析，引入服装大师的经典设计案例，最新的流行讯息图片，拓展学生的设计思路；另外，每一章都有本章小结和思考题，同时第四章到第十章都配有实例设计分析或实践训练展示介绍，作为学生学习和应用的参考，增加学生学习兴趣，提高学生自学能力。

本书由内蒙古工业大学闫亦农主编，赵冠华和薛煜东副主编，张学沛参编。第一章由闫亦农和张学沛编写；第二章、第三章、第四章由闫亦农编写；第五章由赵冠华和张学沛编写；第六章、第七章、第十章由赵冠华编写；第八章、第九章由薛煜东编写。全书由闫亦农统筹和定稿。

在编写过程中，内蒙古工业大学 2016 级研究生刘立枝做了整书的排版和格式整理工作；东华大学 2017 级研究生陈剑英和王欣做了第一章到第四章的校对工作；内蒙古工业大学服装与服饰设计 2015 级的冀翼、唐晓晨、王雅文惠、王丹丹，服装与服饰设计 2014 级的魏鹏举、张东、武晓丹、马悦、孟依菲、王凯，服装与服饰设计 2012 级的王爱花、姜玉兰，服装与服饰设计 2011 级的陈辉、郭晋，服装设计与工程 2015 级的徐旻、赵微、刘蓉、李思青、孙雨晴、程明丽、李锦荣，服装设计与工程 2014 级的高雨、马娜、康明，服装设计与工程 2013 级的崔琛、陈剑英、康捷、姬辉、邢丽娟、孙海慧、梁果等学生提供了设计实践作品，在此一并表示感谢！

本书在编写过程中，参考了大量的相关文献和研究成果，在此谨向这些文献和研究成果的作者表示最诚挚的谢意！

由于时间仓促，加上编者的水平有限，书中难免有遗漏和错误之处，欢迎专家、专业院校的师生及广大读者批评指正。

闫亦农

2017 年 9 月

"服装设计实训教程"
教学内容及课时安排

章 / 课时	课程性质 / 课时	节	课程内容
第一章 （4 课时）	基础理论 12 课时		● 设计的含义
		一	设计的意义
		二	设计的分类
		三	设计的发展阶段
第二章 （4 课时）			● 服装与服装的美
		一	服装的含义
		二	服装美的特征
		三	服装的美
第三章 （4 课时）			● 服装设计概论
		一	服装设计的概念
		二	服装设计与流行
		三	近现代服装设计发展历程
第四章 （8 课时）	基础设计理论 与应用训练 30 课时		● 服装基础设计原理
		一	服装设计的特性
		二	服装设计的原则
		三	服装设计的联想思维方法
		四	服装联想设计的应用实例分析
第五章 （10 课时）			● 服装的造型要素
		一	点
		二	线
		三	面
		四	体
		五	造型要素的实践应用

章/课时	课程性质/课时	节	课程内容
第六章 （8课时）	基础设计理论 与应用训练 30课时		● 服装构成的形式美法则
		一	比例
		二	平衡
		三	旋律
		四	对比
		五	反复与交替
		六	协调
		七	统一
		八	强调
		九	形式美法则的实践应用
第七章 （4课时）			● 服装视错觉
		一	视错觉分类
		二	视错觉在服装设计中的应用
		三	视错觉的实践应用
第八章 （4课时）	综合设计 24课时		● 服装造型设计
		一	服装外轮廓设计
		二	服装结构线设计
		三	服装廓型感度分析与运用
		四	服装造型设计的实践应用
第九章 （10课时）			● 服装部件的造型设计
		一	服装衣领造型设计
		二	服装袖子造型设计
		三	服装口袋造型设计
		四	服装连接设计
		五	服装其他部件的造型设计
		六	服装部件造型的实践应用
第十章 （10课时）			● 面料的再造设计
		一	面料再造设计的发展现状
		二	服装面料再造设计类型
		三	面料再造的方法与工艺
		四	面料再造设计实践

目　录

第一章
设计的含义

课题名称：设计的含义

课题内容：设计的意义

设计的分类

设计的发展阶段

课题时间：4 课时

教学目的：通过本章的学习，使学生初步认识设计的含义，理解设计的创造性，
了解设计的分类，能够区分和领会设计的不同发展阶段的特色，为今
后服装设计奠定理论基础。

教学要求：1. 使学生掌握设计的概念；理解设计创造性的含义。

2. 使学生了解设计的分类。

3. 使学生掌握设计不同发展阶段的特色。

课前准备：阅读相关设计概论和工业设计史等方面的书籍。

第一节 设计的意义

一、设计的概念

服装设计是设计的一个分支，在学习服装设计之前，我们先要对设计的含义有所了解。

"设计（Design）"的语义很广，人们日常生活的很多方面都与设计有关。"设计（Design）"最早源于拉丁语 Designare 的 De 与 Signare 的组词。Signare 是"记号"的语义，从此词义开始，又有了印记、计划、记号等意义。汉语中与此相同的词有"图案"和"意匠"，这两个词都是指在制造物品之前的各种各样的想法和构思。《牛津大词典》中将 Design 的意义分为两个方面：一是指"心理计划"，即在我们的精神中形成胚胎，并准备实现的计划乃至设计；二是意味着"在艺术中的计划"，指对构成艺术作品的各种构成要素，在各部分之间或者部分与整体的结构关系上，组织成为一个作品的创意过程。从这些解释上来看，作为"设计"在构思和行为两个方面，都赋予一定的美学概念，它其中所蕴含的构思和创造性行为，成为现代设计要领的内涵和灵魂。

那么何为设计呢？设计是把一种计划、规划、设想通过视觉的形式传达出来的活动过程。因为人类通过劳动改造世界，创造文明，创造物质财富和精神财富，而最基础、最主要的创造活动是造物。设计便是对造物活动进行预先的计划，可以把任何造物活动的计划技术和计划过程理解为设计，这就是广义的设计。具体而言，设计是指创造前所未有的形式和内容的思维和物化的过程。在这里，"形式"和"内容"是重要的两个部分，并构成了所设计的事物，仅从学术角度而言，在设计研究中，"形式"的成分要多于"内容"的成分。对于一个设计作品而言，没有内容的形式是可以独立存在于艺术样式中，反之，如果缺乏形式的内容却未必可以独立成为艺术。正如一位著名艺术评论家对艺术的定义："艺术是一种有意味的形式"。因此，相对概念而言，所谓的"零的内容"也是一种内容。

知识点导入

提到设计，可能会想到"创作"，其实"创作"和"设计"是两个并不相同的概念，在学习服装设计之前，首先要明确两者之间的差别。

在很多情况下，设计和创作的作品都可以成为商品，因为两者都兼有对方的某些特征，但是它们之间却存在着一条比较鲜明的界限，前者是迎合消费，满足市场需求；后者更多的是诠释创作者的思想，以此吸引消费。两者在设计和创作之前的酝酿阶段、成品后的流通方式以及存在的目的性都有着明显区别。

二、设计的创造性

（一）创造

在《辞海》中关于创造的解释为：创亦造也，造者作也。亦作"刱造"。主要包括以下几层意思：

（1）发明。制造前所未有的事物。《宋书·礼志五》："至于秦汉，其（指南车）制无闻，后汉张衡始复创造。"

（2）创作。撰写文章或创作文艺作品。《后汉书·应奉传》："其二十七，臣所创造。"以此意义引申，即为新物产生的初始。简而言之，创造就是将以前没有的事物制造出来，这是一种典型的人类自主行为。因此，创造的一个最大特点是有意识地对世界进行探索性劳动。

而对于设计的创造性而言，它与生活紧密相连，那些只注重外观造型设计而无视其实用价值的设计是毫无意义。因此，具有实用机能性的设计才是设计创造的真正价值所在。与其把设计新奇古怪的外在造型作为创造的方向，还不如把设计创造夯实在造型的内在设计追求上。因此，这对于初学设计者而言，关于"设计独创性"的思考，在强调"独创性"的设计造型的同时，应注重实用与审美的相互联系与作用，才可以让造型的使用价值充分体现。

（二）设计与创造

1. 模仿与创造

模仿，顾名思义就是照某种现成的样子学着做。实际是一种抄袭，它并不能体现自己的能力和技术，它是创造的反义词。但是许多发明与创造的起源于模仿，后期慢慢改进且发展形成自己的特色。因此，很多时候模仿是创造的初始时期。

法国著名哲学家、心理学家、社会学家、法学家加布里埃尔·塔尔德（Gabrie Tarde，1843—1904年）所著的经典作品《模仿的法则》中阐述人类社会现象的基础是模仿。塔尔德社会学理论的核心是"社会模仿论"。他认为：不存在任何超越个人心理体验的实体，一切社会过程无非是个人之间的互动。每一种人的行动都在重复某种东西，是一种模仿。模仿是最基本的社会关系，社会就是由互相模仿的个人组成的群体。依据塔尔德的理论可以认为模仿是先天的，是我们生物特征的一部分。然而，经过米勒·多拉德（Miller Dollard）、班杜拉（Bandura）及其他许多学者的研究，模仿性行为犹如其他许多种类的行为一样，也是习得性的。

模仿是学习的开始，也是创造的基础。许多画家和艺术家都是先从模仿大师的作品开始，随着对艺术的领悟逐渐形成自己的风格，但是如果对别人的模仿一成不变并据为己有将被视为剽窃，而不是真正意义的学习与创造。需要注意，设计也是从部分模仿逐渐达到创造性的应用，这也正是模仿与创造的意义所在；当然，那些最终可以自由创造的作品都是长期的应用实践与知识积累的结果。

2. 选择与创造

选择就其文字意义为"挑选"和"择取"。在物质极丰富的时期，人们对商品的选择却变得越来越迷茫。特别是服装行业，现在品牌、款式以及商家众多，可以说是琳琅满目、目不暇接，人们如何去选择自己的所需、所爱，以及适合自己特色的服装，越来越成为生活中的重要问题。

在服装设计中，创造性的开发是非常必要的，但同时也不能忽视对商品选择性的思考，实际上，选择从某种意义上来说，其也是一种"再创造"。对于设计而言，其设计创造力的好坏主要来自消费者的评价，在此商品选择性的意义就非常重大。看似选择与创造没有关系，但是在挑选和择取商品时，这种通过选择的购买过程，就形成初级的创造，这种创造看似不是自己亲手制造，但是却经过自己的思考。例如，如何使用？如何与现有物品的组合和搭配？这里就包含了再创造。我们平时进行服装的选择时，如果选择正确，搭配有新意，此时就具有符合 TPO 设计原则的新创造，那么，这样的选择就能给生活增添无穷乐趣。这并不仅仅是造物式的创造，而是从选择开始的一种创造。所以选择同样在日常生活中发挥越来越重要作用。

图 1-1 云雾概念的设计

3. 概念与创造

概念的语意来自拉丁语 Imago，它是反映事物或对象本质属性的一种思维方式。《中国大百科全书（心理学卷）》对其诠释为：对事物本质属性的反应，是在感觉和知觉基础上产生的对事物的概括性认识。概念具有对事物所产生的印象、想象、幻想等感知的认识。因此，概念可以是对过去的和现在的体验印象，也可以是对外界物象的摹写，同时也可以是对内心世界的感悟。

在设计中，经常会提到"概念"一词，尤其是在服装设计方面，特别是一些世界著名的品牌和设计大师在他们的最新作品发布会上，从服装的材料、款式造型和色彩的运用中，都包含着各种各样的最新的流行概念。这也是在设计中常常听到的一个词——概念设计。概念设计即是利用设计概念并以其为主线贯穿全部设计过程的设计方法。概念设计是完整而全面的设计过程，它通过设计概念将设计者繁复的感性和瞬间思维上升到统一的理性思维，从而完成整个设计。如概念车，它代表着未来的流行和发展导向。

作为一个服装设计师必须有其独特的对概念的感知能力，这种感知概念的能力是服装设计的关键，它使得服装设计创造的"形"得以很好的展开。例如，一些古老的东西可以产生与历史事件相对应的概念；植物、动物、天空、海洋、山川、云雾、风景等都可以产生与自然相对应的概念（图 1-1、图 1-2）。正因为有这些丰富的感觉和独创的思想，才使得各式各样的创造力得到发挥。

图 1-2 植物景观概念的设计

第二节　设计的分类

　　设计在人们的生活领域中应用非常广泛，设计对象也非常的广泛。所谓设计，是由人创造出来的物又被人所用，当然，"人"在其中起主导作用。以此为出发点，人与生活就有各种分类，如图1-3所示。人们生活中的设计主要分为以下三大类：

　　（1）产品设计，是人们生活中所使用的器物和用品的设计；

　　（2）传媒设计，是针对由传媒技术所构成事物的设计；

　　（3）空间环境设计，是针对人们生活场所中的建筑、道路、公园的空间环境设计。

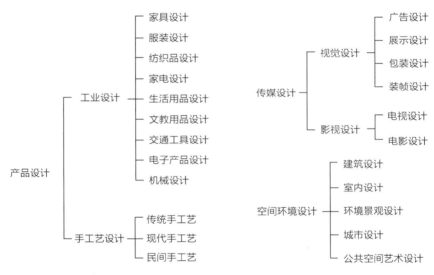

图1-3　设计的分类

一、产品设计

　　人们日常生活中的家庭生活用品、器具、交通工具、电子产品、服饰品等都是设计的对象。所以，产品设计包揽所有生活用品，它与传媒设计和空间环境设计的区别也在于此。产品设计作为人与自然的媒介，是为生存发展而以生产品为主要对象，并以追求功能和使用价值作为其主要领域的造型活动。

　　产品设计所涉及的基本要素主要包括三个方面：功能、造型形象、物质技术基础。就产品设计而言，从生产方式的角度划分，它包括工业设计和手工艺设计。其中工业设计的种类包括：家具设计、服装设计、纺织品设计、家电设计、生活用品设计、文教用品设计、交通工具设计、电子产品设计、机械设计等；手工艺设计可分为：传统手工艺、现代手工艺、民间手工艺。

二、传媒设计

传媒，就是传播各种信息的媒体，可称为"传媒""媒体"或"媒介"，即信息传播过程中从传播者到接受者之间携带和传递信息的一切形式的物质工具。为传达而进行的设计便是传媒设计，其传达的手法很多。例如，我们常听到的汽笛之声，看到的不同色彩和形状的视觉感受，用手或舌头所体会的不同触觉感受，不同气味的嗅觉传递等，传媒的传达手法都是与人的五官直接相联系。它主要分为视觉传达设计和影视设计。其中视觉传达设计包括广告设计、展示设计、包装设计、装帧设计；影视设计包括：电视设计和电影设计。

三、空间环境设计

空间环境设计也称为环境艺术设计，是对处于自然界中的人类社会所需的物质性环境的设计，是以原有的自然环境为出发点，以科学和艺术的手段协调自然环境、人工环境、社会环境三者之间的关系，使其达到一种最佳的状态。它包括建筑设计、室内设计、环境景观设计、城市设计和公共空间艺术设计等多个设计领域，它们是相互联系、互相构筑空间环境设计的条件。

第三节　设计的发展阶段

从现代设计的观点来看，人类设计的发展过程大致经历了三个阶段：萌芽设计阶段、手工艺设计阶段（工业革命前的设计）、工业设计阶段。

一、萌芽设计阶段

设计是人类为实现某种特定的目的而进行的一项创造性活动，是人类得以生存和发展的最基本活动，它包含于一切人造物品的形成过程之中。从这个意义上来说，从人类有意识地制造和使用原始的工具和装饰品开始，人类的设计文明便开始萌发。

人类对于设计概念产生的过程中，劳动起着决定性的作用。劳动创造了人，而人类为自身的生存就必须与自然界做斗争，人类最初只会用天然的石头或棍棒作为工具与自然界的猛兽和危险做抗争。随着人类的进化，人类渐渐学会拣选石块、打制石器，作为敲、砸、刮、割的工具，这种石器便是人类最早的产品。人类能从事有意识、有目的的劳动，因而产生石器生产的目的性，这种生产的目的性正是设计最重要的特征之一。

设计的萌芽阶段是从旧石器时代一直延续到新石器时代，此时期的主要特征是用石、木、骨等自然材料来加工制作各种工具。此时的人类设计就是在满足最基本生存需求的工具的基础上发展起来。由于当时生产力极其低下和材料的限制，人类的设计意识和技能十分原始。

二、手工艺设计阶段

距今七八千年前，人类出现了第一次社会分工，从采集、渔猎过渡到了以农业为基础的经济生活。这一时期，人类发明了制陶和炼铜的方法，这是人类最早通过化学变化用人工方法将一种物质改变成另一种物质的创造性活动。随着新材料的出现，各种生活用品和工具也不断被创造出来，以满足社会发展的需要，这些都为人类设计开辟了新的广阔领域，使人类的设计活动日益丰富并走向手工艺设计的新阶段。手工艺设计阶段从原始社会后期开始，经过奴隶社会、封建社会一直延续到工业革命前。

在手工艺设计阶段，由于当时生产力低下和技术进步缓慢，人们在这一阶段的生产实践活动经验是以传承的方式积累，设计观念和工艺技术不可能有革命性突破。这一阶段尚无设计者和生产者之分，"设计作品"往往是单件制作的工艺美术品，通常都是由工匠接受世代相传的加工手段和制作材料，经过精雕细琢而成，他们有自由发挥设计的余地，因而生产出的产品具有丰富的个性特征。另外，此时所谓的设计仅仅停留在物品的表面装饰上，将装饰因素在物体表面表现得淋漓尽致、日臻完善，人们则满足于工匠日积月累的精湛手工技术。

当时的设计更加重视如何对作品附加能体现工匠师技术的表面装饰，对装饰与作品本身的内在联系以及人与物品的必然关系则很少考虑。可以说当时的工匠师就是标准的装饰图案师。最具代表性的时期就是奢华风盛行的 17 世纪巴洛克和 18 世纪洛可可时期，这是一个极具装饰的时期。

三、工业设计阶段

工业革命震撼了整个世界，工业革命宣告传统手工艺生产方式的终结，机械化、批量化大生产促使社会各行业、各工种的分工细化。在变革的过程中，逐渐体现出设计作为一种贯穿生产始终，并且有计划的、有目的的协调，管理生产各环节思想方法的重要作用。工业设计阶段根据不同的时代和社会需求，主要体现在下面两个设计阶段。

（一）生产设计阶段

产业革命以后，社会生产力得到了空前发展，三次工业革命的浪潮使人们的生活质量、思维方式和行动规范发生了翻天覆地的变化，促进了设计史上生产设计时期的到来。这个时期的设计注重与大工业生产方式相适应的计划性和系统性，以工业生产加工方法为前提来确定设计方案。这样的设计往往会剔除大量的手工工艺，采用适合生产流水操作的工艺设计，产品强调简洁实用，制作注重规范。

由于此阶段的设计观念在不断地改变，新技术的不断完善，新材料和新工艺的使用也日渐突出。在这个阶段的设计，其主要特征之一就是设计与生产实行分工，设计工作由被称为设计师的人完成。另外，此时的设计成为商业竞争的主要手段，设计师成为引导潮流的主要角色。目前，世界中等发达国家的设计大都处于此设计阶段。

（二）生活设计阶段

20 世纪中叶以来，随着高新技术的发展，社会也以前所未有的速度向前发展。此阶段，观念的撞击、行为的冲突、信仰的分化以及物质的泛滥，使得社会生活空前活跃。这一阶段的设计焦点注重以人为本，设计以创造新的生活方式和适应人的个性为目的，并对人的思想和行为作深入的研究，使设计呈现出多样化和个性化的特点。这一阶段的设计师在进行适应性设计的同时，试图以设计来改变和创造新的生活，设计不仅仅是形式上的东西，其丰富的内容和精神含义尤为重要。这也是生活设计阶段的重要特征之一。目前世界先进国家大都处于生活设计阶段。

本章小结

- 设计是把一种计划、规划、设想通过视觉的形式传达出来的活动过程。具体而言，设计是指创造前所未有的形式和内容的思维和物化的过程。
- 设计与创造包含模仿与创造、选择与创造、概念与创造。它对初学者而言，可以看作是学习的不同阶段。
- 设计主要分为产品设计、传媒设计和空间环境设计三大类。服装设计属于产品设计大类中的工业设计类。
- 设计的发展经历了三个阶段：萌芽设计阶段、手工艺设计阶段和工业设计阶段。
- 萌芽设计阶段是从旧石器时代一直延续到新石器时代，此时人类的设计意识和技能十分原始。
- 手工艺设计阶段从原始社会后期开始，经过奴隶社会、封建社会一直延续到工业革命前。这一阶段尚无设计者和生产者之分，"设计作品"往往是单件制作的工艺美术品。
- 工业设计阶段的主要特征之一就是设计与生产实行分工，设计工作由被称为设计师的人完成。

思考题

1. 设计的概念？设计与创作的区别？
2. 如何理解设计中的创造性？
3. 举例说明设计的分类？
4. 依据目前社会发展现状来看，我国的服装设计是属于设计的哪个发展阶段？举例说明。

第二章
服装与服装的美

课题名称：服装与服装的美

课题内容：服装的含义

服装美的特征

服装的美

课题时间：4 课时

教学目的：通过本章的学习，使学生掌握服装的含义，认识和了解服装美的特征，
理解服装的美，能够对服装的基础理论知识有一个初步认识，为今后
的服装设计奠定理论基础。

教学要求：1. 使学生重点掌握服装的含义、服装的起源和功用。

2. 使学生了解服装美的特征。

3. 使学生理解服装美的组成。

课前准备：阅读相关服装概论、服装美学和哲学方面的书籍。

第一节　服装的含义

一、服装概念

对于现代人来说，服装已经成为每个人装饰自己，保护自己，用以代表自己身份、职业和民族的符号，是生活的必需品。它体现了人们的一种生活态度，也是用于展示个人魅力的载体。

什么是服装？宋朝司马光《训俭示康》曰："长者加以金银华美之服，辄羞赧弃去之。"服装具有服用和装饰人体的作用。在国家标准中对服装的定义为：经过缝制，穿于人体起保护和装饰作用的产品，又称为衣服。由此可见，服装是指附着在着装者身上的所有物品，即一切可以用来装饰人体的物品，包括衣服、鞋、帽等一切装束。通常而言，服装有两种含义：一种是指对所有穿戴的总称，主要是指在某一时期内，能够被大多数人所选用的常规性服装。另一种含义是指人与衣服的总称，是指人体着装后的一种状态。在这里，"服"就是包裹、穿戴的意思，"装"就是装扮、打扮的意思，即人体着装后达到实用性与装饰性的完美统一。对于一个设计者而言，在服装设计中，更强调后者的概念。什么是衣服？衣服是指覆盖人体的染织物，是一种纯物质的存在，不涉及人的因素。它包括上衣、下衣、内衣和外衣等所有缠绕和覆盖人体的东西，这些统称为衣服。因此，服装强调的是着装后的状态美，而衣服则强调的是物质美。

服装是处在一定空间或环境活动的形象，任何一类服装都有相应的空间或环境，服装与环境之间应该是一种相依共融的协调统一的关系，共同创造一种和谐的美感。同时，服装需要一定的装饰配件来陪衬，服装与装饰配件之间是一种有序的、科学的搭配关系，同时又是一种互补的、协调的整体关系。服装的组成如图2-1所示。

另外，特别说明一下时装和成衣的特点，高级时装和高级成衣的不同。

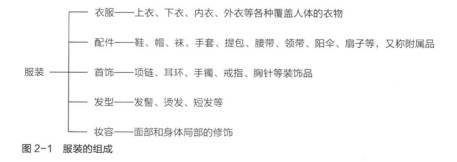

图2-1　服装的组成

（一）时装

时装是指最富于时代感、时兴、时尚的服装，它有别于已经出现过的服装造型。

（二）成衣

成衣是指应时出现的按一定规格和标准号型批量生产的衣服。它区别于在裁缝店里定做的衣服和自己裁制的衣服。

（三）高级时装

高级时装又称为高级女装。它是 19 世纪中叶，由法国设计师查尔斯·夫莱戴里克·沃斯（Charles Frederick Worth）创立的，主要以上流社会的贵妇为设计对象，并以手工单件制作的高级女装，当时的高级女时装设计师所开设的服装店被称为高级女装店。沃斯在 1868 年组织创建了巴黎第一个高级女装设计师权威组织——女装联合会，1885 年改名为"法国高级女装协会"，1911 年改名为"巴黎女装协会"，1936 年命名为"高级女装协会"，现在协会隶属于法国工业部下属的一个专业委员会。高级时装是服装中的极品，高级时装构成的基本要素是：高级的材料、高水平设计、高档的做工、昂贵的价格、高层次的服用者和高档次的穿着场所。

（四）高级成衣

高级成衣是从高级时装中派生出来的，是高级时装设计师以中档消费对象为主，从设计出的高级时装中，筛选出部分适合于成衣生产的作品，并运用一定的高级时装工艺技术，小批量生产出的高价位成衣。现在泛指制作精良，设计风格独特，价位高于批量生产出的成衣的高档成衣。高级成衣由于其设计、价位适应的人群较广，消费者也日益增多，因此很快形成了一个独立的产业，并于 20 世纪 60 年代，在法国成立了自己的组织——法国高级成衣协会。

知识点导入

下面是与服装和服饰相关的概念，对此加以说明。

被服，古时候是指穿着的意思，现在通常指被子、衣服类的统称。但自第二次世界大战以后，在日本"被服"被规定为所有包裹人体的衣物的统称，包括头上戴的、脚上穿的以及手中拿的饰物等。

服饰，是衣服、被服、服饰品的统称。服饰含有覆盖身体并起装饰作用的意思，它同时具备着装和装饰效果。服饰可以从狭义与广义两个方面理解。狭义上的理解是指衣服上的各种装饰，例如，衣服上的装饰图案、刺绣、纽扣、腰带、胸针、挂件等，或除包裹人体躯干与四肢以外的鞋、帽、背包、首饰等。广义上的理解是指人类在生活中的一种穿戴、装饰的行为。

二、服装的起源与功用

人为什么穿衣服？这是学者们一直在探讨的问题，对于服装的起源来说，它与服装的功用是紧密相连的。通常人们认为服装是为了满足人类的生理需要和心理需要，而服装的功用性又形成了服装文化的起因。随着人类历史与文化的发展而不断进化，形成了丰富多彩的服饰风格，也造就了绚烂的服饰文化。在人类社会的发展过程中，服装的功用与服装的文化两者相互依存、相互补充。由于服装悠久的历史渊源与深远的文化内涵，关于服装的起源与功用，历史学家、社会学家、人类学家、心理学家从不同的视角加以探究，各有不同的诠释，形成了多种见解，归纳起来有以下几种说法。

（一）适应环境说（保护说）

适应环境说，也称为保护身体说。按照服装是为了人们适应环境的需求而产生的学者认为：人类早先在险恶的自然环境中生息，为了维持生命，保护身体，抵御外界的侵袭，诸如风霜雨雪的袭扰、昆虫鸟兽的侵害，以及人类相互间的争斗损伤，需要用服装遮身护体、御寒防害，以适应气候和环境的变化，达到自身生理保护的目的。在这里服装成为人们对抗和适应自然、防护和保卫自我的产物，这是服装最基本、最原始的起源与功用。

在北京的自然博物馆，有一个北京猿人的塑像，他一只手扶住背上的野羊；另一只手扛着木棒，艰难地向前行走。在 50 万年以前，我们的祖先是不穿衣服的，到了旧石器时代末期，人类在与自然界的斗争中，逐渐具有了改造自然的能力。在北京市郊周口店山顶洞人生活的山洞里，可以找到他们当时使用过的工具和装饰品，如骨针。山顶洞人利用骨针穿上兽筋或皮条做成的线，把一块块兽皮缝合起来，制成衣服，可以有效地抵御风霜雨雪的侵袭，防止蚊虫的叮咬，起到保护身体的作用。可见人类服装的起源与功用主要是为了适应环境和保护身体的需要。

（二）装饰美化说

按照服装是为了装饰美化人体的需要而产生的学者认为：在原始时期的人类是不懂得穿衣，也不需要用衣服来保护。常言道：爱美之心，人皆有之。就是人类的这种心理，形成了服装的装饰性。穿着衣服的目的就是为了装饰自己。世界上有不穿衣服的民族，但没有不装饰自己的民族，至今世界上还有一些部落民族过着原始生活，他们不穿衣服，但他们懂得装饰，他们通过涂粉、文身、披挂兽皮、兽骨、树叶等来装饰自己（图 2-2）。因此对原始人来讲，装饰是他们的第一需要，保护是第二需要，是人类开化和社会文明以后的事。

图 2-2　原始修饰

　　由于人类的爱美本能，人类最初用花草、贝壳、羽毛、兽皮来装饰自己，并用泥土、植物的汁液文面和文身，进而出现一些简单的服饰，用以改变自身的形象，以自认为的美来修饰和美化自己。有人曾经做过实验，对于年幼的孩子来说，他们早期更多地关注于装饰的事物，对此表现出愉快感，而出现羞涩之感却要晚一些。幼小的孩子对于装饰物表现出来的兴趣往往是自发的、先天的，而对于保护和遮羞的需要却是在成人环境的影响下逐渐形成的，是属于被动的、后天的。

知识点导入

　　常见的肉身装饰有以下几种：

　　（1）结疤：这种装饰是将身体上某部位的皮肤有意地做成瘢结，使其更"美丽"。这种形式曾经流行于澳大利亚的土著民族，现今西方某些地方仍然存在，例如，有些好战民族的勇士把自己战场上所受的伤疤显露出来，作为一种光荣的记号。

　　（2）文身：一种流传较久且广的装饰形式，它是用针刺的方法在身上刺出花纹图案作为装饰。当今许多年轻人都喜欢文身，认为这是时尚的标志。

　　（3）涂粉：从发掘的遗物来看，皮肤涂抹可以追溯至史前。全身涂饰常见于某些特别时期。例如，举行丧礼时将身体涂成白色；有时涂抹是为增加皮肤原色的强度；有的将一种与身体表皮颜色相同的颜料或粉末涂于身体的表面，以增强原来的颜色；有的是用对比涂粉的方法，使皮肤的某一部分经涂抹后与原色形成强烈对比，使涂抹部分看起来更加瞩目。

　　（4）残毁：以除去身体上某一部分作为装饰。残毁的例子在原始人中不胜枚举。例如，在嘴唇、颊和耳上穿一个洞；把手指的关节掰开等。

　　（5）改形：对身体的某些部位进行体塑变形，现代人称之为体塑。常见部位有嘴唇、耳朵、鼻、头、脖颈、足和腰部等（图2-3）。例如，有些部落的体塑方式是在嘴唇和耳朵上挂一件重物，使其变长而且摆动；还有些部落是将鼻子穿孔或弄成扁平的形状；有些部落是当孩子还在婴儿的时期，将其头盖骨很巧妙地压起来，以塑成各种奇怪的形状。

图2-3　改形

（三）遮羞和礼仪说

　　持服装起源动机是为了遮羞和礼仪的需要而产生的学者认为：人类穿着衣服在早期是为了遮蔽身体，后期逐渐变成礼仪的需要。对于遮羞说，包含两种观点：一是着耻论，原始人最初对裸露身体并不在意，但是随着生产力的发展和社会的进步，人类的道德观念逐步产生并不断增强，有了羞耻心，需要对身体的一些部位采取不同程度的遮羞和掩隐，如采用无花果的叶子遮住身体某些部位，而不同的种族对羞耻心的观点有所差别；二是贞操观念论，原始人本来对性是开放的，随着时代的发展才形成了贞操观念，为了保护贞操而穿着衣服。

另外，随着生产力的发展，人们开始有了剩余物品，于是不同地区和不同部落的人们开始交换各自的产品，满足人们更广泛的生活需求。因此人们在交往与社会关系变得日渐纷繁复杂的情况下，为了保持礼节、尊严或身份、地位，服装便成为维护社会礼仪和代表人的社会属性的必要手段，服装在社会生活中成为识别地域、身份、性别和年龄的标志，于是在衣着上出现了男女之分、内外之异、贵贱之别和不同之需。这是服装所表现出的精神与社会功用。

（四）吸引异性说

持服装起源与功用是为了吸引异性的注意而产生的学者认为：人们之所以要穿衣服，并不单纯为了保护身体、遮掩羞耻或装饰。因为原始人在几十万年的漫长岁月中，一直是不穿衣服的，实际上，由于原始人对"性""性感"以及"性爱"的追求，为吸引异性的注意而开始穿着衣服，以此来突出和炫示自己，由此产生了服装。

（五）宗教信仰说

持服装起源与功用是为了满足宗教信仰的需要而形成服装的学者认为：人类为了除魔、保护身体开始穿着衣服。早期的原始人在很长时期里，一直是不穿衣服的，但是他们因为对一些自然现象，例如，日出月升、电闪雷鸣不理解，感到恐惧，慢慢开始变得崇拜这些自然现象，于是将衣服视为护身符，祈求得到保佑与幸福，并且逐渐在原始氏族公社中出现图腾崇拜现象。原始人类用兽皮或植物枝叶等物披挂在身上，作为一种象征物或偶像，供人崇拜。早期的时候，服装最初出现在部族的首领身上，后来发展到巫师、传教者和部分教徒身上。这是一种宗教性的精神保护论，认为穿着衣服可以保护身体不受鬼怪和病魔的侵袭，用服装来表达一种美好的追求和愿望，或以服装表示一种原始的信仰。直至今天，服装仍有明显的标识功能，说明服装的起源与宗教信仰有着密切关系。

综上所述可知，服装是受保护、装饰、遮羞、吸引异性和宗教信仰等多方面因素支配和影响下产生的。

第二节 服装美的特征

一、美的含义

服装的起源与功用中就有装饰美化说，因此服装自产生以来就带有美的色彩，美已成为服装的一个重要属性。服装的美表现在服装的全过程之中，如穿着者对美的理解，设计师对美的塑造，学者对美的传播等，服装的美贯穿始终。

什么是美？是作为一个设计人员最关心的问题。服装作为生活中的设计产品具有显著的美学特征性，需要在设计中体现。关于美的定义，有众多不同的探索角度：古典主义者认为美是形式的和谐；新柏拉图派认为美是上帝的属性；理性主义者认为美是完善；经验主义者认为美是愉快；启蒙主义者认为美是关系；德国古典主义美学认为美是理念的感性显现等，概括而言，美是美的事物共同内涵的本质属性，是客观事物形象中可以激起美感的属性。

美属于美学领域，美学是从人对现实的审美关系出发，以艺术作为主要对象，研究美、丑、崇高等审美范畴和人的审美意识、美感经验以及美的创造、发展及其规律的科学。美学是以对美的本质及其意义的研究为主题的学科。美学是 18 世纪从哲学领域分离出来独立形成的学科。研究的主要对象是艺术，但不研究艺术中的具体表现问题，而是研究艺术中的哲学问题，因此被称为"美的艺术的哲学"。美学的基本问题有美的本质、审美意识同审美对象的关系等。虽然美学思想的产生是较早的事情，但作为一门独立的社会学科却是近代的事情。最早使用美学这一术语作为科学名称的学者是美学史上被称为"美学之父"的德国人鲍姆嘉通（Alexander Gotlieb Baumgarten，1714—1762 年）。1735 年，他首次在《关于诗的哲学沉思录》使用了美学这个概念，并对美学概念进行了论述，他的著作《爱斯特惕克》（Aesthetica）中，将美学称为 Aesthetics，"爱斯特惕克"的原意是"感觉学"，自此鲍姆嘉通建立了一门崭新的科学，专门研究人类知识中的感性认识问题。因此美学是与感性认识有关的科学，可以说是心里感受到的最初认识。所谓美就是人在感受时的内心状态。

从不同的角度探索，美有不同的分类。美包含外在美和内在美，外在美是指从造型、材料和色彩感受到的形式美，外在形式美可以根据美学原理加以论述，而内在美并不是依据与具体事物感受到的，而是从人们的内心感受到的。它们两者相互作用，互成一体，从而产生完整的美。

美又可以分为自然美和人造美（图 2-4）。朝霞的美，郁金香花的形态和色调等属于自然美。设计师和艺术大师进行的绘画、雕塑的创作属于人造美，人造美是寄托创作者的内心感受后创造出来的。可见，人造美包括单纯抒发个人对美的感受的纯粹美以及可以达到满足使用目的的应用美。同时满足用途和美的设计，可以作为应用美的领域考虑。

图 2-4　美的分类

二、服装美的特征

美是一个人在特定条件下对某个对象感觉到的一种感受，对于美的价值判断标准也是因人而异的。回顾漫长的历史长河，可以发现，在不同的时代人们对美的观点有所不同。从辩证的角度来分析，服装美具有以下特征性。

（一）服装美的客观性与主观性

1. 服装美的客观性

关于美的客观性，许多学者和哲学家都在讨论。我国古代的荀子认为：在自然、人类社会和艺术的各个领域都广泛地存在着美。狄德罗（Diderot）曾说过："不论有人无人，罗浮宫的门面并不减少其美。"这些都说明了美具有客观性。

马克思主义美学认为美是事物的一种属性，是客观存在的，它是不以人的意志为转移的。即美的事物和对象客观的存在于审美主体之外，或者说存在于我们的主观意识之外，是不以审美者的主观意识为转移的。正如荀子所说的"存在于自然、社会和各种艺术领域中的美"，狄德罗所说的"罗浮宫的美"，这些都是客观存在。但是人类对美的认识是通过审美主体与审美对象的交互作用产生的，是美的属性在人头脑中的反映。这种审美过程不是简单的表象感觉，而是一种具有实践性的理性认识。如果离开审美主体，离开人类社会，也就没有社会美和艺术美，当然也就没有人们所体会到的"罗浮宫的美"。同时如果没有具有审美属性的审美对象，我们就无从获得审美认识。无论是艺术美还是自然美，美的客观性都必然体现为自然属性与社会属性的辩证统一。马克思以前的唯物主义美学仅注意到美的事物所具有的自然属性，而忽视美的事物的客观属性。而客观唯心主义美学虽然承认美的客观性，但认为美是超越自然和社会之上独立存在的理念，表现出一种虚拟的客观性。古希腊哲学家柏拉图（Plato）的"美是理念"说（或"美是理式"说）就是属于客观唯心主义美学，他在《大希庇阿斯篇》中认为：美根源于美的理念即美本身；理念是客观世界的根源，客观世界并不是真实的世界，而理念世界才是真实的世界；美的理念是先于美的事物而存在，现实事物的美只是美的理念的影子而已。这与唯物主义者理解的客观性有着本质的区别。马克思主义的唯物论是辩证的，它不是机械的唯物论，它承认人的主观能动性。它认为美是社会的，只有人类的社会性才会有美丑之分。美必须是对人类有益的，能使人们产生精神愉悦或有所感悟的事物。

美的客观性认为，美是具有不依赖人的意识活动，但可以被意识活动反映的客观存在的属性。美的客观性包括美的自然属性和美的社会属性。自然属性是指美的事物的某些物理属性和人的生理属性。社会属性是指美的事物在一定社会关系中所表现出来的属性，以及它在人类社会的政治、经济、宗教、道德、家庭、生活、情感等方面所体现出来的属性。如服装设计所考虑的 TPO 原则，既是社会属性的客观性体现。

2. 服装美的主观性

美也具有主观性，是指美的事物往往表现出主体的主观色彩。美感更是涵括主体的主观意识内容，诸如审美感知、审美情趣和审美理想等。美的主观性并非事物本身所具有的，它附着于审美对象和审美主体及其关系中。美的主观性在自然美、社会美和艺术美中均有表现，只不过在不同对象中表现方式有所差别，纯粹自然物的美和美感是通过移情方式表现其主观性的；人工自然物、社会生活和艺术品则是通过主体的实践方式表现其美的主观性。

对于美的主观性，美学史上曾有以下几种理解。

（1）从心理学角度探讨，认为美根源于人的内心世界及其活动，美只存在于人的头脑之中，美是人的主观意识尤其是情感外射的产物，因此美的根本属性就是美的主观性。这种观点认为：美是人们的意识所决定的，只要人在欣赏对象时，在意识中感知到对象符合自己的审美意识，就产生了美。而对于自然界中存在的没有经过改造的自然美，在被人欣赏时，也就等于被"人化"了，也就是注入了主观性。

（2）从审美活动和艺术活动角度探讨，认为主体的审美意识只需借助艺术欣赏就可以得到确证，不需要"物化"，即美和美感与客观事物及其过程无关，美只具有主观性。

（3）从客观事物及其运动考查，认为现实美和艺术美具有客观实在性，同时现实美和艺术美中熔铸着主体的审美意识，审美主体往往通过物化方式将自己的审美意识融入对象之中，并以审美意象形式表现出来，现实美和艺术美是主客观统一的产物，是美的客观性和主观性的统一。这种观点认为：任何美的产品和艺术品，都融入设计师和创作者的主观审美意识，使之成为审美意向的物化形态，是主观性和客观性统一的产物，其中自然有客观性，也有主观性。例如，在设计和制作服装过程中，设计师的审美意识通过设计和生产物化在产品之中，因此服装设计作品已经是不以人（设计师或欣赏者）的意志为转移的客观存在物，分析和欣赏服装的产品美和艺术美时，包含人的主客观因素，它是主观性和客观性统一的产物。

（二）服装美的自然性与社会性

1. 服装美的自然性

美的自然性是指客观现实的美学特征依存于感性的物质基础。任何事物的美学特征总要通过特定的感性物质形象来反应。物质形象是产生美的物质载体，是美的客观属性。没有美的自然性，就没有美的形象性、具体性和直观性，也就不能作用于人的感官而成为审美对象。

服装美的自然性是指构成美的事物外在形象的自然属性。例如，对于穿着者而言，人体的比例、线条、围度和肤色等组合关系就是穿着者的自然属性。但是，事物仅仅具有美的自然性，还不能成为人的审美对象。而且这里所说的人，不仅是具有自然属性的人，同时还是具有社会属性的人。美是引起社会审美主体美感的客观属性。审美对象的自然性，在很多情况下是审美主体按照美的规律，在社会实践劳动中改造过，并满足人们审美要求的客观属性。因此服装美只有在人的社会实践中与人发生社会关系时，才可能成为审美对象。

2. 服装美的社会性

美的社会性是泛指美与人类社会不可分割的属性，也是美的自然属性在社会关系中被社会人所欣赏和创造的属性。社会美和艺术美的社会性是不言而喻的，然而，如何理解自然美的社会性？自然生态的美在没有人类社会以前就存在，只是处在一种潜在的沉睡时期，当人们对整个世界的客观规律逐步有所认识时，人类自身的审美意识日渐发展起来，自然生态的美才逐步被人所认识、所发现。这种被人类所认识和发现的过程，也是自然物由一种自在的自然存在，逐步成为显示自然美存在的过程，也是自然物与人由一般关系转变为审美关系的过程，即自然物获得社会性的过程。因此，我们不能说，没有人类社会就没有被人称为自然美的事物的存在，而应该说，没有人类社会就没有对美的发现、感知和自觉创造的过程。例如，人体美，人的体态、肤色、五官也是自然生态中的一部分，因此作为自然生态的人体美是伴随人的社会性而同时存在。

服装美的社会性同样与人类社会是不可分割的，它的社会属性是通过自然属性在社会关系中被社会人所欣赏和创造的属性。虽然客观现实的美表现于一定的物质载体上，即依赖于特定的客观事物的自然属性，但自然属性并不能等同于美。美的服装设计或服装作品是设计师在社会实践中按照美的规律而创造出来，是美的情感、需求和目的通过劳动在产品中人化的产物。人与自然界最基本的关系是功利关系，而人与现实的审美关系是通过长期社会实践从最初纯粹的功利关系中产生并逐渐发展起来。

美的社会性最初体现为物质用品满足社会人的使用需要，它同时也满足了人的审美需要，体现出人的社会本质力量，从而不断地使人们在使用自己的产品或作品时获得美感。美的社会性就体现为满足社会人审美需要的属性。另外，人在创造美的同时，也在创造并发展着自身感知这种特性的审美能力。例如，一个服装设计师或一名专业模特，对时尚和流行的敏锐度远远高于普通人，她们能够提前把握未来的流行趋势，往往走在时尚的前列，这种审美能力是通过不断的美的创造和感悟，逐渐形成。

美的社会性不仅体现在产品美是可以满足社会人使用需要的审美属性，即产品美是在人的社会实践中被创造出来，而且体现在只有社会的人才能感知其美。对于服装设计而言，如果设计师脱离了社会实践也就无法实现服装美的社会性。设计师在设计服饰时，如果无视社会的需求和社会流行的现实，就无法实现满足社会需求，进而达到产生社会效益和经济效益的目的，那么这样的设计是失败的设计，无从谈到服装美的社会性。

（三）服装美的绝对性与相对性

1. 服装美的绝对性

生活中，人们总在探寻：什么样的服装最适合自己？今年如何穿着最符合流行趋势？由此可见，人们都有追求服装美的绝对性的本能。什么是美的绝对性呢？美的绝对性认为：美的内涵和标准具有放之四海而皆准的普遍性和永恒性。例如，黄金比例是被人们公认的完美比例关系，因此在服装设计、摄影、产品设计和建筑设计中，常常被设计师采用。美的绝对性是美和审美的辩证属性的重要方面，它与美的相对性是辩证统一的。美的绝对性具有下面三方面含义。

（1）美根源于客观事物及其动态发展，根源于客观世界及其动态关系，美的内容和形式因素来源于客观存在，这一点是绝对的、无条件的，因而只要承认美的客观性就内在地承认美的绝对性。

（2）美和美感并不是凭空出现的，它们产生于审美主体的社会生活实践中，美的内容和形式也因与主体的生活实践及其经验相关联而被肯定，主体的自由创造也是在生活实践及其成果中得到验证，这一点是绝对的、无条件的，因而只要承认美的社会性就必然承认其绝对性。

（3）尽管审美主体因民族、阶级、地区和行业等因素的影响而表现出不同的审美情趣，但审美标准却是无数次审美活动的经验总结，审美标准的内容是以客观的审美实践为基础并得到审美实践的反复验证而确定下来，是不可随意改变的规律性的东西，这一点也是绝对的、无条件的，因而只要承认审美标准的绝对性就必然承认美的绝对性。

在美学史上，绝大多数美学家都承认美的绝对性，只不过他们对美的绝对性的理解有所差异：客观唯心主义把理念、理式、上帝或神看成是美的最终根源和绝对标准；主观唯心主义认为美的绝对性就在于人的心灵；机械唯物主义认为美的绝对性在于美的自然属性；新古典主义把普遍人性或先天理性视为美的绝对性。马克思主义美学产生以前的美学家注意到美的绝对性，但片面夸大美的绝对性，将绝对化为永恒不变的终极标准，为宗教神学的上帝或客观唯心主义的理念营造庇护所。马克思主义美学认为，美是随着社会实践发展而发展变化，因而是绝对性和相对性的统一，两者统一的基础就是生活实践的自由创造。

2. 服装美的相对性

古希腊哲学家赫拉克利特（Heraclitus）曾说过："比起人来，最美的猴子也还是丑的。"一语道破美本身所具有的相对性。正如在服装色彩构成中，我们不可能说哪一个颜色构成的服装是世界上最美的，人们也无法"评比"出哪块色彩在诸色彩中首屈一指。美的相对性是指美在不同的主客观条件下是不断发展变化的，美的标准是相对的，美的事物本身也具有程度不同的相对性。美的相对性是美和审美属性的重要方面，它与美的绝对性相辅相成，构成美的辩证统一的两个方面。

赫拉克利特是西方美学史上较早提出关于美的相对性的论点。而对美的相对性的强调主要是在文艺复兴以后。意大利达·芬奇（Leonardo da Vinci）认为：人在不同时间感受的美是变化不定的；法国人笛卡尔（Descartes）认为：美是相对的，其标准无从界定。美和愉快都不过是人的判断和对象之间的一种关系，因为人的判断彼此悬殊很大，美和愉快就不能有一个确定的尺度；荷兰人斯宾诺莎（Spinoza）认为：美是客体在观察者生理和心理结构上发生的一种印象。美随这种心理和生理结构的变化而转化；英国人哈奇生（Hutcheson）把美区分为绝对美与相对美，即本源的与比较的，本源的美与绝对的美是超越心灵的认识独立存在，比较的美与相对的美则是依赖于人的观念，体现于丑中可见美。前者是单从一个对象本身看出的本源美，后者是事物与其他事物比较中显现美。后来还出现了唯物主义与主观唯心主义许多关于美的相对性的理论。基于以上的论点，可以总结出西方美学史上对美的相对性的理解主要有两个方面：其一是因为不同的时间对美的感受是变化不定的，因此美是相对的。其二是因为事物的美是与其他的事物相比较得出的，并且不同的比较对象其结果是变化不定的，因此美是相对的。

马克思主义美学以辩证唯物主义和历史唯物主义为基础，认为美是随着历史发展不断变化的，既有继承性即相对性，又有绝对性。如同人对世界的认识中既有相对真理，又有绝对真理一样，美的相对性中也包含着美的绝对性的内容。这种辩证统一的思想，能够对服装艺术的实践具有重要的指导意义。

第三节　服装的美

一、衣服的物质美

作为物质的衣服本身就具有独立的美。如材料、色彩、造型等因素的组合构成了衣服的美。

（一）流行美

在现代社会中，衣服的美离不开流行趋势。许多人认为正处于流行期的衣服是时尚的、漂亮的，而流行期过了一年或几年后，再看同一件衣服，大家会认为很难看。以此可以看出，流行服装具有高度的时效性，其美是相对而言。

因为流行服装与其他造型服装相比时效性较短，当年流行一时的服装，过了几年后再看，多少会有旧的感觉。这是因为时代的感性改变了，人们对造型的审美观也随之改变，因此服装的美与流行息息相关。

（二）造型美

服装具有立体造型性，它属于三维空间的设计产品，因此服装的外部轮廓造型和内部分割形态以及各部分的比例关系的协调美决定了服装的美。

（三）材料美

服装面料的美包括面料本身的色彩、图案、肌理和手感，它独自的效果对衣服的整体效果可以产生很大的影响。服装面料材质的好坏决定服装造型的整体状态，同时也决定着服装的功能性和舒适性。服装面料的花纹和肌理能够对服装的美带来很强的视觉效果，是服装美的重要体现。

（四）色彩美

服装色彩在服装美中具有举足轻重的作用，色彩是最具视觉冲击力的元素，它具有轻重感、明暗感、收缩膨胀感，对人的感情也带来很大的影响。评价服装美时关键在于服装色彩的搭配、色彩和面料材质的组合，即使是同一种颜色，但不同材料给人的感觉也不一样。所以，抽象的色彩理论和服装中的色彩美不完全一致，这是因为色彩与材料相互作用。

（五）技术美

设计和制作工艺技术的优劣对服装美的影响很大，娴熟的技术不仅包括设计服装造型的技巧，还包括装饰技巧、结构和工艺等技术，服装的美是通过这些技术的美加以实现的。

二、着装的人体美

人体美一直作为绘画、雕塑等艺术的形式主题而使用着。从马约尔（Meyer）的作品可以看出，丰满的女人很美，但是上身长，缺乏丰满的百济观音像同样很美，匀称的人体可以更好地体现服装美。

（一）体型美

人的体型是构成人体美的重要因素，它不仅表现人体整体的相称程度，还能表现出人体的胖瘦、围度、曲线等外观状态。当从尺寸角度考虑体型时经常注意的是身长和几个部位的围度关系，协调的体型能够更好地体现服装美。

（二）部位的美

在人的身体中最能表现人的个性及美与丑的是容貌，即面容。人的面容主要是由人体部位中的五官所决定的，虽然五官只是人体部位中很小的一部分，却影响整体效果。人们往往会用白鲇的手、羚羊的脚等语言来比喻和赞美人体的某些部位，身体部位的美构成人体的个性美，而个性美可以很好地承托服装的美。

（三）皮肤美

皮肤美是美人必须具备的条件之一。常言道，"一白遮百丑"，就是说即使有很多缺点，只要皮肤白就能弥补不足。除皮肤的颜色外，皮肤的粗糙度、光滑度、光泽等因素也影响皮肤美。美的肌肤、美的肤色可以更好地敷衬服装的美。

（四）姿势美

我们的身体总要做各种各样的动作，姿势就是身体从动态转变成静态时表现出来的美。画家、雕塑家需要的是美的姿势，所以要求模特静止不动。姿势也可以体现一个人的心态。在日常生活中，一个动作和另一个动作之间总会有静止的时刻，这时的姿势就能表示一个人对待事物的心态。所以抽象意义的"摆正姿势"等语言说明姿势能表现出一个人的心态。不同的姿势和心态能够诠释不同服装的着装状态及着装风格。

（五）动作美

动作美体现人体的动态美，连续的动作很协调时，就认为那个动作很美。例如，以芭蕾舞演员为代表的舞者，她们在舞台以外的场所也是挺起胸，显出轻快而优美的身体动作，给人一种很深刻的动作美。时装模特都要经过走步训练，因为观众是通过模特的动作美来了解着装的美。对于姿势美和动作美来说，都可以通过训练能够达到。

三、服装的状态美

衣服和人体成为一体，产生一种超越各自美的第三种美就是服装的状态美。人与衣服都具有各自独立的美，但考察服装的状态美时，必须以人体为中心，考虑适合人体的着装方法、服饰和妆容等。

（一）着装方法

着装方法是指服装内衣、外衣、上衣和下衣的穿着形式，穿着方法，搭配状态等。例如，西服是已经定型的服装，其着装方法和着装方式有着固定的模式，如果打破，便失去西服特有的状态美。同时不同衣服的状态美还在于衣服的搭配，改变衣服的搭配，协调整体效果，可以更充分地表现出着装者的心态。

（二）服饰美

顾名思义服饰就是服装的附属品，虽然各种各样的服饰分别作为独立体具备美的价值，但它更是通过与服装的搭配产生自己的价值，不同的服饰美的价值体现在与不同的服装组合后所呈现的服装美。服饰在服装中起到画龙点睛的作用，运用得当可以突显服装风格，表现出特定时代的流行倾向。因此服饰是表现美的重要的小饰品。

（三）妆容美

妆容包括脸部修饰和发型两个方面，妆容是为了更好地衬托服装，精美的妆容配合时尚的服装，可以提升服装的美。不同风格的服装搭配不同的发型，更能突出服装的穿着效果。近年来年轻人在生活中化淡妆，呈现出健康自然的美，随着中性风潮，男装女性化越来越盛行，一些年轻的大男孩也开始注重脸部妆容的修饰，女士的妆容修饰现在不断出现在年轻男孩儿的身上，成为一种时尚。

四、着装者的内在美

对于人类，最重要的是精神价值，应得到肯定和提高。一～三中所述的是从外部对服装构成形式的观察，属于物质的，而支持服装着装状态的美还有一部分是精神的。精神和物质，内在和外在，总是对立和统一的两种因素构成了服装的美。

（一）智慧美

"知识"已经成为流行语言，所谓知识女性就是提高自己的素质，最终达到预定目标的女性，成为知识女性是女性的理想。具备知识的人称为智慧美人。这是因为知识符合人类所拥有的向上心，而智慧是通过人的努力才能掌握。智慧美不是用肉眼能看见，在特定的氛围中才能发现一个人的智慧美。

（二）修养美

修养美与智慧美有所不同。有些人随着年龄的增长变得温雅，这是因为人生阅历改变了人的生活态度。所谓的修养就是掌握广泛的文化知识，丰富自己的内心世界。所以只有不断地锻炼自己、努力奋斗，才能提高自己的修养美。

本章小结

- 服装是人与衣服的总和，是指人体着装后的一种状态；衣服是指覆盖人体的染织物，是一种纯物质的存在，不涉及人的因素。
- 服装强调的是着装后的状态美，而衣服则强调的是物质美。

● 服装的起源与功用可以概括为五个部分：适应环境说、装饰美化说、遮羞和礼仪说、吸引异性说、宗教信仰说。

● 适应环境说和装饰美化说是服装最基本和最原始的起源与功用；遮羞和礼仪说是服装所表现出的精神与社会功用。

● 美可以分为自然美和人造美。

● 服装美的特征主要表现为：服装美的客观性和主观性；服装美的自然性和社会性；服装美的绝对性和相对性。

● 服装的美有以下几个方面构成：衣服的物质美、着装者的人体美、服装的状态美以及着装者的内在美。

思考题

1. 举例说明，服装和衣服的区别；时装和成衣的区别。
2. 试以服装设计为例，分析服装美的特征。

第三章
服装设计概论

课题名称：服装设计概论

课题内容：服装设计的概念

　　　　　服装设计与流行

　　　　　近现代服装设计发展历程

课题时间：4 课时

教学目的：通过本章的学习，使学生掌握服装设计的概念，服装设计三要素的作用，认识和理解服装设计的影响因素和发展历程，能够对服装和服装设计所研究的方面有一个初步的认识，为今后的服装设计奠定基础。

教学要求：1. 使学生重点掌握服装和服装设计的含义、服装设计三要素的作用。

　　　　　2. 使学生理解服装流行的特征，掌握服装流行的影响因素。

　　　　　3. 使学生了解近现代服装设计的发展历程。

课前准备：阅读中外服装发展史等方面的相关书籍。

第一节 服装设计的概念

一、服装设计的概念

服装设计作为一门综合性的交叉学科，是以服装材料为素材，以人为对象，借助一定的审美法则，运用恰当的设计语言，对人体进行包裹和打扮，完成整个着装状态的创造过程。

与其他造型艺术的设计相比，服装设计的特殊性在于它是以各种不同的人作为造型的对象。服装设计的造型、材料、色彩、剪裁及缝制工艺各个环节之间是一种相互制约、相互衔接的关系。正因为服装是体现人在着装后所形成的一种状态，所以，服装设计不仅仅是对材料、色彩和服装款式的设计，而是对人的整个着装状态的设计。这里包括两个方面的内容：一是满足人的生理需求，即符合人体的外在形体需求，满足人体的活动机能需求，同时对人体达到修饰和装饰的作用；二是满足人的心理需求，符合人的内在特质。因为服装是一种视觉形象，一件服装设计作品是否成功，能否迅速流行，占领市场，是同它能否满足人们的心理需求密切相关，后者有时往往更重要。

对于不同的地区、不同的身份、不同的年龄、不同性格的人，在服装的整体造型和局部结构的处理上，都是有所侧重和区别的。除此之外，在整体的服装造型中，还包括服装与服饰配件之间的搭配关系，以及服装与材料之间的相互协调关系。同时，服装是处在相应的环境之中，在设计的过程中，应考虑到服装与环境之间在造型和色彩上的相辅相成的整体协调关系。

二、服装设计三要素

服装在设计上有三个主要因素，即：款式、色彩、面料。服装设计的内容主要包括服装的款式设计、色彩设计和面料设计三个方面。

（一）款式设计

款式是服装的内外造型样式，服装款式依托于人体结构的外形特点及其运动需求，同时还受到穿着对象的社会属性需求的制约。款式设计在整体服装设计中起到非常重要的作用，它是服装造型的基础，起到主体骨架的作用。款式设计包括外轮廓设计、内部结构设计和部件设计等。

（二）色彩设计

色彩是创造服装的整体视觉效果的主要因素。从人们对物体的感觉程度来看，色彩是最先进入视觉感受系统的，人对色彩的敏感度远远超过对形状的敏感度。皮尔·卡丹（Pierre Cardin）说："我创作时，最重视色彩，因为色彩很远就可以看到，其次才是款式。"此外，色彩常常以不同的形式和不同的程度影响着人们的情感和情绪，色彩具有强烈的性格特征，具有表达各种感情的作用。同时，色彩还会产生冷暖的感觉，例如，蓝色系、绿色系和紫色系被认为是冷色系；红色系、橙色系和黄色系被认为是暖色系。因此，色彩是创造服装的整体艺术气氛和审美感受的重要因素。在服装的色彩设计时，首先要确定服装的主色和主色调，然后选择与之协调的陪衬色，接着是点缀色，最后是整体效果的调整。

（三）面料设计

面料是制作服装的材料。在服装设计中，面料是体现款式的基本素材，无论款式简单或复杂，都需要用材料来体现，它是服装设计中的物质基础。任何服装都是通过对面料的选用、裁剪、制作等工艺处理，达到设计要求，不同的款式要选用不同的面料。此外，在服装设计中，重要的是对面料进行加工与再创造，从而根据设计要求形成各种不同的肌理。因此，在设计时，如何表现面料的质地和肌理，也是设计成功与否的关键。

以上三要素在服装设计和服装成型的过程中，是一种既相互制约，又相互依存的关系。而且，在不同类型的服装设计中，对于三要素的把握程度和造型规格上是有所侧重。

第二节　服装设计与流行

一、服装流行

服装设计离不开对流行的紧密追随，了解和掌握服装流行的基本规律是进行服装设计的必经之路。服装流行是指某一时期，在服装领域里占据主流的流行现象，是被市场某个阶层或许多阶层的消费者广为接受的风格或式样，主要包括服装的款式、色彩、面料、图案、工艺、装饰以及穿着方式等方面的流行，反映了特定历史时期和地区的人们对服装审美的需求。

服装的流行浓缩了一定地域、一定时期内特有的服装审美倾向和服装文化的面貌，并体现着这一历史时期内，服装的产生、发展和衰亡的整个过程。

服装流行一般都有自身的周期性，每一套服装在开始出现时是时装，但经过一段时间的流行之后其内涵就发生了变化，把服装的这种从开始出现到流行完结的整个过程称为服装的流行周期，如图 3-1 所示。

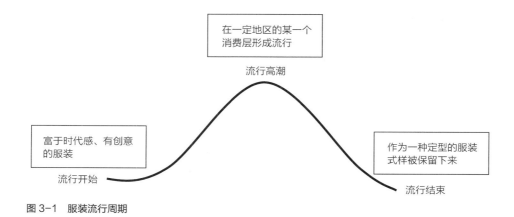

图 3-1　服装流行周期

　　服装的流行周期一般包括：流行开始、流行高潮和流行结束三个发展阶段。流行周期因服装种类和风格的差异，其周期的长短不尽相同，有的服装流行周期长达十几年甚至几十年；有的则短至一年或几个月。流行过后的服装并不等于就不存在，而是作为一种固定的式样被保留下来。

二、服装流行的特征

（一）渐变性

　　服装的流行，是从极少数人接受到部分人接受再到全面流行的过程，是一种渐变性的过程，并非突然产生或消亡。因为流行具有社会属性特征，所以流行的产生是一种社会性的行为。一般来说，富有时代感的时装最早出现时是相对超前，并且只出现在极少数具有潜在影响的场合和对时装非常敏锐的人群身上。

　　服装流行的渐变性变化常常与产品的生命周期相联系，即将一个周期划分为投入期、成长期、成熟期、衰退期。

　　1. 投入期

　　投入期一般是服装刚刚进入市场的阶段，产品数量少、价位高、原创性强，此时无法确定是否能够被消费者所接受。

　　2. 成长期

　　成长期是服装逐渐开始引起人们的关注，产品数量上升，服装仿制品也开始以不同的价格逐渐出现。

　　3. 成熟期

　　成熟期是服装受欢迎的程度达到顶峰状态，此时消费受众人数上升，跟风现象突出。

　　4. 衰退期

　　衰退期是服装不再被人们喜欢和追捧，人们开始关注新的服装款式和色彩，当时盛行的服装元素逐渐淡出流行直到逐渐消失。一般来说，服装的生命周期长，流行时间也较长；服装的生命周期短，流行时间也较短。

（二）周期性

纵观服装的发展和演变，总能发现服装样式、服装风格的反复出现，这种每隔一定时间就重复出现类似的流行现象表明了服装流行具有周期性，但是周期交替的频率和延续时间并不固定。英国有一位时装专家詹姆斯·莱弗（James Laver）经过多年观察与研究，发现人的审美心理及服装样式的兴衰有一个周而复始的演变规律，他设计了一种时装样式规律表，即通过时间表的形式来解释因穿着时间的不同而带来的穿着反应，这就是有名的莱弗定律（Laver's Law）。根据他的理论，同一件衣服因为时间不同将会是：10年前是无礼的；5年前是无心的；1年前是大胆的；当前是时髦的；1年后是过时的；10年后是可怕的；20年后是可笑的；30年后是有趣的；50年后是古朴的；70年后是迷人的；100年后是浪漫的；150年后是美丽的。

（三）关联性

服装的流行往往会受到政治、经济、文化等多种因素的影响，世界经济的繁荣与衰退、战争的爆发、某部电影或电视剧的盛行等，都会成为新一季服装色彩和款式设计的依据。可以发现，一些权威服装品牌的流行趋势发布前会花费很多时间去采集社会上各个层面的新闻与动态，并从中找到最有可能对下一季服装产品产生直接影响的灵感来源。这种关联性是相互的，它不仅仅是指其他因素会左右服装的流行、服装的变化，同样可以引发相关领域的潮流革命。

三、服装流行的影响因素

从内外因的角度分析，服装流行的影响因素可分为两类：一是人们的内在心理因素。二是外界的环境因素，两者互相渗透、互相作用。其中外界的环境因素与人们所在的地域、当地的气候条件、政治、经济、科技、文化、艺术、宗教、民俗、社会热潮等因素息息相关。成熟的服装设计师必须能够具有感知这些综合因素的能力，并进行分析，加以提炼。

（一）内在心理因素

服装流行的产生与发展是人们心理欲望的直接反映，是基于人们追求审美情趣的深层次的心理因素，包括求新心理、求异心理、从众心理、模仿心理等。

1. 求新、求异心理

人们长期看到同样的款式造型、色彩组合，会产生视觉的疲劳、心理的厌倦，这时会要求新色彩、新款式的视觉刺激，以此愉悦心理感受，因此当不同的新款式或新色彩出现时，受到欢迎是必然的。这主要体现在人们求新和求异的心理，因为有些人认为服装的穿着只有"与众不同"才是真正有价值的，这也是个性的张扬和自我的体现。

2. 从众心理

与上述相反的是另有一些人的趋同从众心理，人们通过加入流行大军而获得时代的安全感，让人感到他们是入时的，是紧随时代的，而从众心理也从一个侧面促进了流行市场的繁荣。从众心理往往与引导式的流行密不可分，引导式流行是指利用服装发布会、广告宣传、流行趋势导向、偶像效应等方式引导人们推崇购买而产生的流行现象，使得消费者在不自觉中受到引导。

3. 模仿心理

与这种趋同从众心理相近的是模仿心理，人们的模仿天性推动了服装的流行，尤其偶像效应对流行的产生尤为明显，通过对偶像着装的选择性模仿，来寻求心理上的满足。引导式的方法对服装流行有着一定的积极作用，能够刺激新样式的产生和消费，加速服装流行的进程。

（二）外在环境因素

1. 自然因素

自然因素对于服装的流行起着一定的制约作用，它的制约常常是一种外在性和宏观的。影响和导致服装流行的自然因素可以分为地域因素和气候因素。不同地区服饰的差异与各自地域自然环境的迥异密不可分，不同的国度和不同的民族，其服装各具特色，同时地区地理环境的便捷与否也直接影响了当地人群对于服装流行的响应度和敏感度，往往越偏远的地区，人们越固守自己的风格习惯和服饰行为。气候因素也是诱发新兴流行元素出现的重要因素，例如，全球气温的持续上升促使面料产业进一步升级，轻质、超薄、透气的功能性面料越来越成为服饰产品的主流。另外，在寒带和热带、海洋性气候和沙漠性气候中生活的人们，都有适合本地区气候的特定着装模式，如图3-2、图3-3所示。

图3-2　非洲妇女

2. 社会因素

社会因素相比起自然因素来说，范围更广，影响方式也更为复杂。这些因素主要包括有：政治环境、战争与和平、经济程度、科技发展、文化繁荣、艺术氛围、宗教信仰、风俗民情、偶像影响和生活方式等。这些因素还可以进一步划分为自然式流行影响因素和偶发性流行影响因素。自然式流行是一

图3-3　爱斯基摩男女

个缓慢的循序渐进的过程，而偶发性流行往往是由于外界的突然变化导致的流行现象。相对于自然式流行来说，偶发性流行产生时的爆发力强、流行时间相对较短并且与外因变化的时间段联系紧密。这一类的变化包括有战争的爆发、政局变革、经济状况的大波动等。

（1）政治因素：纵观服装的发展史，各个国家、各个历史时期的重大政治变革，均不同程度地推动了服装的流行和变化。我国历史上凡是一个朝代的开国之初，便有"易服色"这一仪制，以区别于前朝。新民主主义革命时期，提倡服装在外来式样的基础上进行改制，取西式服装的轻便实用结构及中式服装的严谨中庸的着装文化，以此而产生了"中山装"。由此可见，政治的变革必然对服装的流行带来极大的影响，如图3-4、图3-5所示。

图3-4 晚清时的服装

图3-5 中山装

（2）经济因素：服装的流通与消费标志着一个国家的经济发展的水准，从社会进化的历史来看，凡是社会经济高度发展的时期，服装也随之面貌一新。在20世纪80年代前几乎没有"流行""时尚"等概念，那时的中国服装无论男女老少，也不管何种职业，大家都穿着一模一样的衣服，个性不能被张扬（图3-6）。改革开放以后的年代，经济的腾飞、发展带来了思想的进步和审美观念的变迁，服装文化空前活跃，服装设计也日新月异，人们褪去了军便装时代的烙印，不断吸收外来文化，使得人们的审美观念逐步与世界接轨，服装也呈现出丰富的色彩、多变的款式、个性化的特征，从千篇一律的着装演变成了令人眼花缭乱的流行样式（图3-7）。

图3-6 20世纪70年代的服装

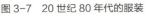

图3-7 20世纪80年代的服装

（3）科技因素：科学技术的发展带动了服装的流行。每一种有关服装技术方面的发明和革新，都会给服装的发展带来重要的促进作用。例如，随着生物技术和纺织技术的发展，出现了彩色棉花、大豆纤维、木纤维等，同时伴随着新技术的发展，新材料、新面料层出不穷，并已成为当代服装流行的主导面料。科技作为第一生产力，不断地改善人们的生活，也改变着人们的观念，在服装流行审美中也是如此，例如，20 世纪 60 年代，全世界都惊讶地注视着巨型火箭将人类送上太空，这奇迹般的现实在全球掀起了一波关注太空和航天技术的热潮，服装也受到了很大的影响，敏感的时装界也似乎突然间找到了寻觅已久的灵感，推出一系列风靡一时的太空系列服装，成为当时的服装主流（图 3-8）。

图 3-8　20 世纪 60 年代的太空服装

（4）文化因素：各个国家和不同的民族文化形态都对服装有着深远的影响，文化因素对服装的流行有着举足轻重的作用，因为服装的流行直接反映着时代的文化思潮。中国唐代的宫廷贵妇流行穿袒胸高腰裙装，外披一件透明的纱衣，这种服装与唐代繁荣、昌盛、开放的文化是一致的。宋代以后，由于道家和儒家等理学思想的影响，以往宽松、飘逸的服装被瘦小、紧身的服装所代替，这与宋朝的文化密切相关。服装设计也是需要吸取东西方文化的营养。东方文化追求天人合一，强调统一、和谐、对称，因此，在服装形式上多采取左右对称、相互关联。传统服饰采用平面剪裁，习惯于二维效果，不注重人体的曲线，总体视觉效果是含蓄、保守、严谨、雅致。西方文化追求个性化，多元化，强调标新立异，表现出极强的外向性，并重视客观化的本性美感，讲究科学性和抽象性的充分表达。因此，在服装形式上更加追求立体造型效果，注重设计的个性特征，着力于体现人体曲线，总体视觉效果是创新、大胆、随意、奔放。

（5）艺术因素：服装与艺术密不可分，许多时装大师的作品都具有很强的艺术感染力，在世界时装中心的法国巴黎，被称为"欧洲艺术宝库"的罗浮宫，专门设立了时装博物馆，收藏历代服装大师的代表性作品。另外，许多服装设计大师的作品也受到艺术和绘画的影响，最有代表性的设计师就是伊夫·圣·洛朗（Yves Saint Laurent），在他的服装设计作品中借鉴了很多艺术家的绘画元素，如源于毕加索绘画艺术的套装、蒙德里安冷抽象艺术系列装和欧普艺术系列装等。最近几年的时尚界也不断推出来自名画的服饰设计作品，如路易威登曾在 2017 年 4 月发布了与杰夫·昆斯合作的"大师系列"，将梵高、提香、鲁本斯、弗拉戈纳尔的经典油画呈现在路易威登的手袋上（图 3-9）。普拉达（Prada）的 2013 春夏发布会的作品来源于安迪·沃霍尔（Andy Warhol）的"Flowers"（图 3-10）。

（6）宗教因素：从服装的起源与功用中可以看出，宗教因素对服装的发展有着重要的作用，宗教无论是在原始社会或是在现代社会都占有一定的位置，可以说人类最初对服装的需求在一定程度上出自宗教信仰和图腾崇拜。例如，阿拉伯人信仰伊斯兰教，伊斯兰教禁止偶像化，所以服装上多采用几何形纹样。中国古代服饰中的云肩、霞帔的命名可以体会出道教的神仙观念。欧洲一些国家的服饰，早在 12 世纪就已出现了隐喻圣经典故和具有宗教寓意的纹样。例如，衣服领口和下摆边缘装饰的花卉植物图案中，三片叶子象征圣父、圣子和圣灵三位一体；四片叶子象征四部福音；五片叶子代表五位使徒等。如今，在信奉伊斯兰教的国家和民族，服装仍然是服务于宗教的，特别是妇女的服饰，在款式上极其保守，最

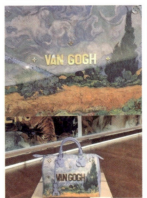

图 3-9　路易威登的"大师系列"手袋

图 3-10　普拉达的 2013 春夏作品

大限度地遮盖人体（图3-11）。同样宗教对于服装的色彩纹样都有不同的限制和规定。藏族女子的服饰，对五种色彩的运用向来十分大胆，这其实也是有原因的。从佛教意义上说："五彩哈达是菩萨的服装，蓝色表示蓝天，白色表示白云，绿色表示江河，红色表示空间护法神，黄色表示大地。"藏族女子的"邦典"（围裙）就是以五种色彩为基调，使用多种色条组合而成（图3-12）。直至今天，各个国家和地区因为所崇尚的宗教信仰不同而对服饰以及生活方式都产生了根深蒂固的影响，也在一定程度上影响和制约着服装的流行和传播。

图3-11 信奉伊斯兰教的回族服装

图3-12 信奉佛教的藏族服装装

（7）民俗因素：文化差异的一个非常重要的表现就是风俗习惯和当地的禁忌。风俗习惯对消费嗜好、消费方式、购买行为等都有重要的影响。民俗与习惯是世世代代相传下来的。人们在服装上所表现出来的民俗习惯，一般是受长期居住地区的自然条件和生活方式的影响而逐渐形成的。例如，中国人把"龙"看作是吉祥之物，而西方的好多的国家却把"龙"看作是罪恶的化身。我国婚俗中普遍使用红色，认为红色代表着喜庆，新娘在婚礼上要穿红色的服装，去参加婚礼的亲朋好友要带红花（图3-13）。而西方的新娘却穿白色的婚纱，以示纯洁（图3-14）。因此各地的民俗习惯常常体现着不同民族的精神风貌和思想情感，同样也影响和制约着本地区服装的设计和流行。

（8）战争因素：历史上，每一次大

图3-13 中式婚礼服

图3-14 西式婚礼服

的征战都会给服装的传播和交流带来一定的影响与变化。最典型的就是"胡服骑射"，在战国时期，赵国在与胡人的战争中，发现胡人在军事服饰方面有特别的长处，即穿窄袖短袄，生活起居和狩猎作战都比较方便，于是在全国推行穿着"胡服"、教练"骑射"，将西北狩猎民族的裤褶、带钩、靴等引入中原，最主要是改去下裳而着裤，这也是中国服装史上的第一次服装变革。战争作为极端事件刺激人们的感官，例如海湾战争、中东战争等，这些频繁出现在电视屏幕上的军人的着装形象，影响着人们的穿着倾向。对军人的崇拜，使人们愿意模仿军人的穿着，迷彩服、猎装等逐渐成为流行服饰（图 3-15）。

图 3-15　军服元素的服装

（9）生活方式因素：在制约服装流行的诸因素中，生活方式是较为密切的制约因素。不同的生活方式造就了不同的穿着习惯（图 3-16、图 3-17）。例如，日本人的生活起居方式一般是榻榻米，因此他们穿着和服以适应其生活方式。一方面，有什么样的生活方式，就会产生与之相适应的服装。另一方面，社会的变革、经济、科技、文化的进步，其生活方式也随之改变，服装的流行也随之改变。

（10）社会热潮因素：社会热潮也是服装设计的推动力之一，政治热潮、文化热潮、体育热潮等都会波及服装的流行。例如，风靡 20 世纪 60 年代的"年轻风暴"思潮，它的出现促进

图 3-16　日本和服

图 3-17　印度礼服

了当时的"否定""消解""颠覆"的理念。同时，很多新的思想，新的艺术模式，新的文化现象也在这个时期形成，如波普（Popular Art）艺术、摇滚音乐等都诞生于此时。年轻人已成为推动社会的重要动力，也成为社会动荡的主要因素，他们反社会、反传统思想通过他们的行为、着装反映出来，并对后现代艺术产生重要影响。他们的着装，不仅反映了当时时代的流行方向，而且结束了20世纪60年代之前高级时装一统天下的流行方式，流行的引导者由过去高级时装设计师和上层贵妇转变为朝气蓬勃的年轻人（图3-18）。现在各种赛事不断，同时人们也普遍开始越来越崇尚运动健康的生活理念，从而使体育赛事成为服装流行的重要助推因素（图3-19）。

综上所述，服装的流行是各方面综合因素相互制约、相互碰撞的结果，它离不开服装设计师敏锐的社会洞察力，也离不开消费者的参与和推广。

图 3-18　20 世纪 60 年代美国的嬉皮风时尚服装

图 3-19　运动风格的服装

第三节　近现代服装设计发展历程

一、早期服装设计的发展历程

人类服装的历史，经历了一个曲折而漫长的演变过程。对于早期的服装发展而言主要是沿着两条主线进化：一条是以上层社会的宫廷服装为代表，其主要特征是为显示着装者的官级、尊严和权贵；另一条是以下层社会的民间服装为代表，其主要特征是以抵御寒暑为主要目的。

这两类服装在很长一段时间内均是按照自身的模式延续，而且，这种延续都是经由手工艺人和个体作坊来完成的。服装设计作为一门独立的学科，可以说是在产业革命时期被逐渐分离出来，它是工业设计发展阶段的产物。

18 世纪末至 19 世纪初，产业革命的新浪潮席卷着整个欧洲，以英国为主的具有历史意义的第一次技术革命，为欧洲工业革命的实现奠定了基础，特别是机械动力的发明引发了社会组织的重大变革，使产业的形态从小规模的个体手工业生产方式向大规模机械化的批量生产方式转变。20 世纪初期，正是新旧交替的变革时期，旧秩序消亡，新秩序建立。新的设计运动摒弃了 18 世纪烦琐、奢华的装饰之风，代之而来的是简洁、清新、自然之貌。值得提出的是，在这一时期新设计运动的形成过程中，更多地受了"包豪斯学派"的影响。"包豪斯学派"提出一整套"以新的技术来经济地解决新功能"的理论体系，这种理论体系成为当时设计界的指导方针。如成立于 1907 年的德意志工作联盟，在其工作宗旨中指出"美术与工业、手工操作相结合，为创造优质的生活用品而奋斗"。在继承传统手工艺制作的基础上，又强调其设计的实用性和社会性，提倡创造新式样，以便服务于大众。正是在这种新的设计思潮的推动下，加之纺织机、印染技术以及缝纫机的广泛应用，西欧各国的服装业迅速发展起来。

知识点导入

在此时期，西方服装设计学的研究和理论体系在其他应用产品设计理论的基础上开始建立和形成。这时期主要的服装美学论著有格斯·霍尔（Gus Hall）的《自我早期的感觉》。其中以大量的社会调查材料阐明了人类在孩提时期就有打扮自己以引起别人注意的心理要求和欲望，他认为表现人类自我是服装的主要功能。G. V. 迪尔波（G. V. Dearboro）的《服装心理学》通过心理测验得到的资料为依据，说明服装是为了在人们面前表现自己，而这种自我表现的观点显然是受叔本华（Schopenhauer）哲学思想中"表现自我"的论点的影响。1929 年美国哥伦比亚大学教授 E. B. 赫洛克（E. B. Hurlock）出版了《服装心理学》。书中收集了大量的史料和他多年的研究成果，对于人类追求服装的动机和目的做出了客观的分析，指出服装的推动作用是一种最令人惊奇和最强有力的社会力量，并从多种角度论证了时装的兴起、衰落和停滞的种种缘由，同时，还阐述了不同的性别、性格、年龄、社会地位等与服装的内在关系。1933 年，W. F. 亚可伯逊（W. F. Jacoboson）发表了《服装设计的基本美学因素》。书中进一步提出了"美学原则是服装的最主要的标准"的观点，他认为服装在艺术上的感染力是强烈而普遍的，并重点指出，服装的设计应符合其比例、均衡、夸张、韵律和节奏的美学法则。这些有关服装设计的论著和美学观点，对于西方服装工业的发展无疑起到促进和指导作用。

二、20 世纪前半叶服装设计的发展历程

（一）简洁式现代女装的萌芽时期（1900—1919 年）

在 20 世纪初期，服装发展最显著的特点是将妇女从紧身胸衣中解放出来。这阶段女装的主要变化是流行了数十年的 S 型服装逐渐消退，紧身胸衣得到改良，其线条趋于直线，女装从丰胸、紧腰、翘臀的传统形态向平胸、松腰、束臀的形态转变。到了第一次世界大战期间和战后时期，女装向更加简洁、轻便的方向发展。优雅繁复的服饰很快被适应战时环境的着装所取代，裙子长度变短，逐渐出现宽松造型的工装，时装变得更加笔直。战争彻底改变了这一时期女性的整体形象，西方女装从此趋于功能化和轻便化，初步完成向现代形态的转变。这个时期突出的代表性设计师是保罗·波烈（Paul Poiret）、帕康（Paquin）夫人、露希尔（Lou Hill）。

保罗·波烈（1879—1944 年）

20 世纪 10 年代的服装革命不仅使裙长缩短至脚踝，也让被束胸统治了几个世纪的女人们终于可以松口气了，这一切都要归功于一位叫保罗·波烈的法国设计师。保罗·波烈吸取古罗马裙袍、日本和服、中国旗袍、阿拉伯长裙、印度纱丽和古希腊服饰等异国元素，推出了一系列的宽松袍式服装，垂感与褶皱结合，把衣服的支撑点挪到肩头，开创性的设计了胸罩、单肩睡衣和灯笼裤等服饰（图 3-20）。他的设计也颠覆性的拨动了女人们钟情异国情调和戏剧情节的心理。巴黎首先被波烈所征服，紧接着世界也被征服。尽管第一次世界大战给时尚带来削减奢华开支的影响，保罗·波烈的设计仍旧代表了整个 20 世纪 10 年代的独特风貌，并成为缤纷绚丽的现代时装设计的开端。

图 3-20　保罗·波烈和他的异域风情的服装

（二）现代女装和高级时装的兴起时期（1920—1929 年）

20 世纪 20 年代，这个时期出现了以"现代主义"为特质的设计运动，女装逐步走向现代装的设计形式。由于 20 世纪 20 年代人们的生活环境发生了巨大的变化，以美国为代表的国家掀起了一场世界范围的女权运动，女性逐渐走向职场，在政治上获得了同男性同等的参政权。女性角色和地位的改变，造成了西方女性服饰的变革，强调功能性成为女装款式发展的重点，同时出现了否定女性特征的独特样式，职业女装在此期间也应运而生，这时的服装样式简洁而轻柔，没有花边或其他累赘的细节。衣服和裙子是直线裁剪，忽略腰部、臀部和胸部的曲线（图 3-21）。1920—1929 年的 10 年是西方女装发展的重要时期，其现代设计理念对整个 20 世纪的服装设计产生重要影响。其重要意义之一就是女装中性化概念的提出。当时，法

图 3-21　职业女装

国女装设计上出现了男性化的设计趋向。女装设计以女性的舒适为中心，而不是从男性的观赏角度来设计女装，这在服装发展史中具有重要意义。同时，在第一次世界大战后，随着社会经济的繁荣，法国高级时装业出现了第一次兴盛。法国高级时装店再一次崛起，除了沃斯（Vaus）、卡洛特（Carlot）姐妹、布瓦列特（Poiet）、帕康等元老店外，新崛起的如维奥内（Vionnet）、朗万（Lanvin）、罗夏（Rochas）、莱多芳（Redfem）、鲁伦（Lelong）等都开办了自己的时装店，拥有了自己的品牌。而作为他们中的领军人物夏奈尔（Chanel）的出现则标志着整个欧洲时装业的成熟。

　　夏奈尔（1883—1971 年）

　　夏奈尔是服装史上一位非凡的女性。她从一位默默无闻的贫家少女跃居事业的顶端，创造了服装史的奇迹，成为 20 世纪最杰出的时装大师之一。夏奈尔的服装风格，风靡了 20 世纪二三十年代，一直延续至今。她所创造的"夏奈尔套装"是这个时期最有影响的力作，这种套装使当时的女性从长期以来束缚人身的坚硬而紧身的服装中解放出来，此番具有历史意义的创新和改变，影响了整个欧洲服装的发展。她的两件套套装，被视为经久不衰的时代风格。同时，她还推出"运动型服装"，为女性的户外活动，开创了简朴而自由的休闲服装的先河。夏奈尔的服装不仅外形简洁而且舒适自由。夏奈尔对剪裁的精确和细节的处理，都是精益求精，她反对肤浅的装饰，追求内在个性的自由、开放。她的出现改变了沃斯开创的高级时装的时代，展示了一种"高级的穷相"，或者称之为"豪华的贫穷"，这恰是 20 世纪 20 年代的典型风格（图 3-22）。

　　夏奈尔是时装设计师中为数不多的能走完自己艺术生命的全程，并永获成功的天才，她比其他的时装设计师的艺术生命更长，国际时装界推崇她为"世界三大服装设计师之一"，这是当之无愧的。如果说波烈改变了妇女的装束，那么夏奈尔是真正开始了 20 世纪时装的变革。

图 3-22　夏奈尔和她早期的服装

（三）阴柔与阳刚的更迭时期（1930—1946 年）

1. 20 世纪 30 年代初

20 世纪 30 年代初期的女装，由于受到经济大萧条的影响，表现出阴郁、沉闷和怀旧的审美倾向。女装形式的变革大约在 20 世纪 20 年代末开始，外形轮廓加长，变得更加优雅、柔和，自然而传统的女性化风格再次显现。整体外型以"流线形"取代以前的"直线形"，以"成熟、妩媚"取代 20 世纪 20 年代的"年轻、帅气"（图 3-23）。

2. 20 世纪 30 年代中

20 世纪 30 年代的人们，再次将把服装长度变长，腰线又回到了自然的位置。丝绸在这个年代大受欢迎，因为丝绸服装一方面经过剪裁突出了人体流线形简洁的体型，同时又不会过于暴露身体细节。人们喜欢简单而合身的服装和剪裁，再次希望突出胸部，腰部和臀部，但是又不张扬，更不是夸张，而是一种很自然的流露。这个时期一方面越来越多忙碌于职场的女性追求更便于工作的服装款式；另一方面，强调女性柔美妩媚的晚间裙装应运而生，斜裁大师玛德琳·维奥内（Madeleine Vionnet）的女神裙也正是这一时期夜礼服的代表（图 3-24）。

图 3-23　20 世纪 30 年代的主流女装　　　　　　　　图 3-24　维奥内的斜裁女神裙

3. 20 世纪 30 年代后 ~40 年代初

20 世纪 30 年代后期第二次世界大战爆发，为了迎合战争的需要，女装完全变成一种非常实用的男性味很强的现代装束，这就是具有阳刚之美的军服式女装。在 20 世纪 40 年代初期，女装造型的外轮廓基本上没什么改变，基本维持 20 世纪 30 年代的正装打扮。因为战争的原因，这个年代的艰难困苦激发了人们对充分利用资源的一致意识，在服装裁剪和轮廓上发生了剧烈的变化，由于面料定量供应，下摆线再次提高到膝盖部位，身穿简单的连衣裙和男装裁剪带垫肩套装裙，这种装扮直至第二次世界大战结束（图 3-25）。这个时期突出的代表性设计师是夏奈尔、玛德琳·维奥内、夏帕瑞丽（SchiaParelli）。

夏帕瑞丽（1890—1973 年）

在 20 世纪 30 年代的欧洲时装界崛起了一位新人，她以富于开拓创新精神而著名，她的服装设计充满了朝气和活力，给当时沉闷的社会带来了一股强劲的活力，她使自负的"时装女王"

图 3-25　军服式女装

夏奈尔也不得不刮目相看，她就是夏帕瑞丽。如同夏奈尔风靡了整个 20 世纪 20 年代那样，夏帕瑞丽风靡了整个 20 世纪 30 年代的巴黎时装界，在群星灿烂的巴黎，她像一颗璀璨的新星大放异彩。

夏帕瑞丽的设计一贯主张新奇、刺激，崇尚"语不惊人，誓不休"。她认为：时尚意味着新奇，她的时装用色强烈、装饰奇特，她的时装造型线不同于夏奈尔的矩形，而是注重女性的腰臀曲线，追求自然美与古典美的统一（图 3-26）。她的设计中最让人震撼的是她的用色，她的时装用色强烈、鲜艳，犹如野兽派画家，令人惊奇，例如，罂粟红、紫罗兰、猩红，以及使她声名大震的粉红色，她所用的粉红色被誉为"惊人的粉红色"，正如法国舆论界的评论，她具有野兽派画家马蒂斯（Matisse）的风格。

20 世纪 30 年代后期，夏帕瑞丽将时装设计的重点从腰臀部移到肩部，强调肩部的平直挺括，让女装加宽垫肩，同时收小臀部，这种男性化的垫肩女装是夏帕瑞丽"最具想象力的创造"，这种男子气的女装流行了很长一段时间，成为第二次世界大战前女装的主要趋向。

图 3-26　夏帕瑞丽和她的女装

（四）优雅的高级时装鼎盛时期（1947—1959 年）

第二次世界大战之后，随着社会经济的复苏，一种重塑女装华丽、奢华之风，强调女子柔美特性的设计思想逐渐取代了简单、实用的男性化的服装设计思想。尤其是 1947 年，克里斯·迪奥（Christian Dior）的"New Look"的发布，满足了女性摆脱军服化男装风格女装的渴望，女装开始朝着充满女性化，强调奢华的趋势发展，并延续到 20 世纪 50 年代，这是服装史上最经典的优雅时代。通过一批优秀设计师的努力，20 世纪 50 年代被称为欧洲高级时装最辉煌的时期，它成为了永恒的经典，被载入时装发展的史册，也使高级时装业的发展达到了鼎盛时期。20 世纪 40 年代后期直至 20 世纪 50 年代最具有代表性的设计师是克里斯汀·迪奥、巴尔·巴曼（Barr batman）、巴伦夏加（Balenciaga）。

克里斯汀·迪奥（1905—1957 年）

迪奥可称为 20 世纪最重要的时装设计师，他有"时装之王""流行之神"的美称。他具有丰富的建筑、绘画和音乐方面的艺术修养，因此，他的服装在 20 世纪四五十年代被视为一流的设计。从他的第一个时装系列发布时，就给世界带来了深刻的影响，他成为第二次世界大战后时装界的精神领袖。

迪奥在 1947 年的第一次时装发布会上推出的"New Look"——新风貌，像旋风般地震撼了巴黎、美国以及整个欧洲，成为 20 世纪最轰动的时装改革，"新风貌"几乎成为当时时代的象征（图 3-27）。迪奥将带有战后痕迹的军装化的平肩裙装变为曲线优美的自然肩形，强调胸、腰和臀部的曲线造型，突出女性的体型曲线特征，强调女性的柔美，让女性重新焕发女人的魅力，这是迪奥多年的梦想，也是人们对和平与美的追求。随后他又设计了多种以外轮廓造型为设计思想的时装，最具代表性的作品有郁金香型、H 型、A 型、Y 型、箭型、磁石型、纺锤型、自由型等一系列新的造型。此时期，迪奥的每一场时装发布会都在引领着时尚的导向，成为这个时期的时装流行趋势。迪奥的设计，哪怕只是些微妙的变化，也会引起西方社会的骚动。那个时期，整个世界都在注视着迪奥，正如报界赞誉的一样，迪奥是最出色的时装天才。

图 3-27　迪奥和他的女装

迪奥的设计最突出的就是对服装外轮廓造型线的把握，无论是"新风貌"，还是"A 型线"，都是从整体设计入手，也是代表 20 世纪 50 年代的潮流之作，他始终保持着这样的风格，即典雅的女性美，这种风格一直影响着他的继承者和追随者。

巴伦夏加（1895—1972 年）

巴伦夏加是时装界里难得的全才人物，他的设计虽然没有迪奥的"新风貌"那样惊天动地，但是他凭借自己坚韧不拔的工作作风，使他的高级时装成为巴黎永久的名牌，他像画家乔尔乔内（Giorgione）、提香（Tiziano）、鲁本斯（Rubens）那样，设计风格典雅、富丽、细腻，他是巴黎高级时装的一代宗师。

巴伦夏加在创造时装美的过程中，他的画稿生动、优美，更重要的是他能在结构设计上不落俗套，他能精准地运用斜线或旋转曲线，使服装产生特有的艺术魅力，加上他对面料性能的独特见解，使他从设计到样衣制作的全过程都能做到十全十美。这些都得益于他精于裁剪和擅长缝纫，他是一个从裁缝师成长为艺术家型的设计师极少范例之一。他那敏锐的艺术直觉和高雅的审美趣味被认为是那个时代的绝对的权威（图3-28）。

图3-28 巴伦夏加和他的女装

巴伦夏加的设计大致可分为战前和战后两个时期，战后的设计更趋于成熟，但他的设计风格在战前和战后是一致的，始终保持着典雅、精巧、女性化的特点。在他的服装设计中，显示着西班牙文化和法兰西文化的结合，使服装产生了一种特殊的艺术情趣。他创造了许多高级时装的奇迹，他的语录和设计方法都曾影响过当今的许多时装大师，他们都曾以进入巴伦夏加的设计室为荣，当今非常出名的设计师纪梵希（Givency）、古海热（Courreges）和安伽罗（Ungaro）都曾是巴伦夏加的门徒。巴伦夏加是20世纪最重要的时装设计大师之一，是沃斯开创的高级时装业中无可比拟的天才。

三、20世纪后半叶服装设计的发展历程

20世纪60年代是一个文化、艺术的空前活跃的时期，新思潮、新流派不断涌现，传统的审美观念受到严峻的挑战。这个时期服装的发展呈现出前所未有的多元化趋势，不同服饰的风格和表现形式可以在同时间相互并存，改变了过去某个历史时期只有一种设计风格的局面。此时期的青年人影响了世界，大批年轻服装设计师如雨后春笋般地涌现出来，纷纷登上服装设计舞台。时尚流行不再以巴黎为中心，而出现了多个时尚中心同时并存的局面。同时由于社会新局面的出现，服装工业的大发展，给服装设计带来了千载难逢的良机，新式服装挣脱了桎梏走向街头，面对大众，高级时装被赋予了新的内涵。20世纪上半叶是高级时装一统天下，但到了20世纪下半叶，这种格局被彻底打破。

伴随着服装工业的迅速发展，成衣业逐渐兴起，并迅速发展壮大，几乎主导了整个20世纪后期的服装产业，以至于人们将这个时期称为"成衣的时代"。成衣的出现，逐渐淡化了人们过去意义上的服装概念，也改变了人们的衣着行为和生活方式。后工业化时代背景下的生活观

念和生活方式，开创了服装界新的设计格局，是设计理念的一场深刻革命，它以简约取代烦琐，以平民化取代贵族化，以商品标识取代血统标志，以标新立异、打破常规取代循规蹈矩、墨守成规。这种设计理念直接影响着 20 世纪末到 21 世纪初的服装走向。

（一）轻便和短装化时期（1960—1969 年）

从 20 世纪 60 年代初期，随着服装工业的迅速发展，服装向现代服装演化的速度加快，此时期的大师争相闪耀，思想、艺术、科学和技术相互碰撞，服装的造型进一步单纯化和抽象化，服用效果轻便而舒适。其代表性设计师是迪奥公司的第一任主持人伊夫·圣·洛朗、皮尔·卡丹、马尔克·保安（Marek Boan）、尼娜·利奇（Nina Ricci）等设计师，他们先后设计出轻便、单纯的各式服装，这些服装的制作工艺简单，适合于工业化的批量生产，为现代休闲服装的发展奠定了基础。

当 20 世纪 50 年代群星璀璨的高级时装在 20 世纪 60 年代初尽情地闪烁着它的耀眼光芒时，一场以年轻人为首的"年轻风暴"在 20 世纪 60 年代中期席卷而来，他们反对高级时装这种从上而下的流行。这场"年轻风暴"也产生了很多新的思想、新的艺术模式，波普艺术、欧普艺术、摇滚音乐、街头时装等都诞生于这个时期。这场风靡西方世界的青年运动和文化艺术革命使 20 世纪 60 年代的西方社会极不安宁，强制性地改变着人们的世界观、价值观和审美观，从而也扭转了 20 世纪后半叶服装流行的方向。青年们纷纷效仿嬉皮士、摇滚歌手们怪诞的着装现象，引起了设计师的兴趣，从中得到设计的灵感。这些全新的设计理念不仅打乱了时装持续百年的传统概念和秩序，而且又以其革命性的变革改写了服装史的发展历程（图 3-29~ 图 3-31）。

图 3-29　摇滚和朋克风格服装

图 3-30　波普艺术风格服装

图 3-31　欧普艺术风格服装

这个时期服装不再是社会身份和地位的象征，它已丧失了"高级"的特征，成为年轻人表达思想、表达情感的大众化的符号。随着年轻人反传统思潮的影响，此时期的服装变得越来越短，打破高级时装的穿着秩序。高级时装一统天下的时代宣告结束，也意味着以民主化、大众化、多样化、国际化的成衣时代随之而来。其代表性的设计师是玛丽·克万特（Mary Quant），她在 20 世纪 60 年代设计出"超短裙"，这种前所未有的创举冲破了有史以来服装造型的传统审美观念，女性服装从此开始暴露双腿。后有安德莱·克莱宪（Andrie Courreges）的设计被称为"少女型"的长至膝盖以上的短裙和几何线形的服装。这类短装受到当时年轻人的普遍欢迎，开拓了服装市场，使之产生了新的市场格局，也为高级时装向成衣化演化迈出了重要的一步（图 3-32）。另外，历史上著名的"阿波罗（Apollo）"登月工程就发生在 20 世纪 60 年代，人们对宇宙的神往和对科技的重视，也成为当时最热门的社会主题，由太空、宇航为灵感的时装设计风格应运而生（图 3-33）。

图 3-32　超短装　　　　　　　　　　　　　　　　　　　　图 3-33　太空风格

伊夫·圣·洛朗（1936—2008 年）

伊夫·圣·洛朗从小就非常喜欢服装设计，很小的时候就常常给他的姐姐设计服装。他于 1954 年在国际羊毛局举办的服装设计大赛中荣获女装一等奖，借此契机，伊夫·圣·洛朗进入迪奥店做助理设计师，他是迪奥的得意门生。1957 年迪奥去世后，年仅 21 岁的伊夫·圣·洛朗登上首席设计师的宝座。随后，他发布了迪奥去世之后的第一个"迪奥"系列，即梯形造型系列。此系列设计采用简洁优美的造型，既保持了迪奥的设计魅力，又具有新时代简洁清新的气息，在国际时装界立即引起轰动，获得极大成功，也奠定了年轻的伊夫·圣·洛朗在时装设计舞台的地位。他被誉为"迪奥二世"，报纸甚至以"迪奥公司救星"来报道这位年仅 21 岁的天才设计师。伊夫·圣·洛朗是一个以其富有想象力的设计，将艺术与时装完美融合的设计大师。在 20 世纪 60 年代，人们非但不认为时尚是一种艺术，还认为它是艺术的敌人。伊夫·圣·洛朗却要打破艺术与时尚之间的界限，他以世界名画作为灵感源泉，通过绚丽的用色、层次浓淡的处理手法，让原本静态、远距离欣赏的名画，通过时装变为立体的近距离贴身拥抱。时装界称伊夫·圣·洛朗为"太阳王"，并且用"大师""权威""泰斗"等崇敬的字眼来赞美他。更有人说："夏奈儿和伊夫·圣·洛朗是 20 世纪的奇迹，夏奈儿创造了前半个世纪，而后半个世纪则属于伊夫·圣·洛朗。"他的代表作：蒙德里安裙（1965 年）、吸烟装（1966 年，让女性坦然穿上长裤）、透视装（1968 年，惊世骇俗的潮流寓言）、蝴蝶结（优雅高贵的细节）（图 3-34）。

图 3-34　伊夫·圣·洛朗和他的女装

（二）宽松和休闲的多元化时期（1970—1979 年）

20 世纪 70 年代由于中东战争而引起石油危机，服装的原材料受到冲击，阿拉伯地区引起人们的普遍关注。于是，服装设计也受到了阿拉伯服装造型影响，宽松肥大的服装成为这一时期的主体潮流，这类服装的造型结构和制作工艺都很简便。

同时，朋克风的盛行使青年人继续成为时尚消费的主流，具有保暖功能的服装、宽松型服装、牛仔裤、热裤、宽大的喇叭裤等不同的服装风格并存。整个 20 世纪 70 年代，倡导自由选择和搭配的新潮流，"适合自己的就是最好的"成为当时着装的至理名言，因此 20 世纪 70 年代的流行以多样化为主，尤其以宽松型服装和质朴、干练、潇洒的牛仔装成为适合各个阶层和场合的穿着方式（图 3-35）。这种宽松型的服装类似日本和服的样式，使日本的一批优秀的设计师跃上世界服装舞台，其代表性的设计师是三宅一生（Issey Miyake）、森英惠（Hanae Mori）、高田贤三（Kenzo）、山本耀司（Yohji Yamamoto）、山本宽斋（Kansai Yamamoto）、小筱顺子（Junko Koshino）等。从而使巴黎时装界刮起了一股强劲的东方文化之风。在服装多样化的背景下，伴随着东西文化的碰撞，服装开始朝着多元化的趋势发展。

图 3-35　20 世纪 70 年代主流风格的服装

三宅一生（1938 年—　）

从 20 世纪 70 年代末开始，三宅一生的知名度逐年上升，他之所以不同于其他日本设计师，是因为他以其独特的东方服装观念，猛烈冲击了多少年来被西方国家一统天下的时装王国，给时装赋予了新的艺术概念。他和他的时装观念在国际时装界中占据了重要的地位，三宅一生成为时装历史舞台上举足轻重的大师。时尚界素来把三宅一生的设计称为"东方遭遇西方"的结果。他不同于西方三维剪裁使用省道，他不注重通过严谨的结构来凸显人体线条，不推崇人体美。在解构上多呈现出"H"的造型，保留服装的内空间，整体气韵流畅。他主张"将人体进行释放而不是去进行雕塑"，展现出东方二维裁剪的精髓。这种隐藏人体曲线的设计不仅符合传统东方服饰的道德审美，同时里面蕴含着一种带保护、隐蔽和防御意识的情感。

在服装材料的运用上，三宅一生也改变了高级时装及成衣一向平整光洁的定式，以各种各样的材料，如日本宣纸、白棉布、针织棉布、亚麻等，创造出各种肌理效果。对于他来说，没有任何服装上的禁忌。他对面料的要求已经到了严苛的地步，对于一种面料加工上百次，经过各种剪裁、组合、折叠从而形成一种全新的面料，对他来说是最平常不过的事。巴黎装饰艺术博物馆馆长称誉其为"我们这个时代中最伟大的服装创造家"。

三宅一生擅长立体设计，他的服装让人联想日本的传统服饰，但这些服装形式在日本是从来未有的。三宅一生著名的"一块布"设计，乍一看就像是一条毯子披在肩上，消费者买回家后，可根据服装上的虚线随意剪开，这神奇的"一块布"马上就会变成一件全新的衣服。他希望消费者也能参与一件衣服的制作过程，而不只是时尚的受用者。所谓"一"，即是指"一块布设计"或说"一块布精神"，通过一块布在人体上的缠绕、折叠、披挂，来达到人与衣服的和谐统一。三宅一生的服装没有一丝商业气息，有的全是充满梦幻色彩的创举，他的顾客群是东西方中上阶层前卫人士（图 3-36）。

图 3-36　三宅一生和他的女装

（三）另类和中性化时期（1980—1989 年）

20 世纪 80 年代是一个危机四伏的时期，两伊战争、石油危机、女权运动等造就了一群女强人形象，穿着以职业女装为主，从事同男性同样的职业，此时的女装明显带有男性化风格。职业女性的出现让厚厚的垫肩开始出现，坚硬夸张的肩部让女性强大起来。女性们用夸张的服装来与男性抗衡，大垫肩在时髦的包装下，已成为前卫风潮的代表。同时进入20世纪80年代，随着世界性对体育运动的热潮日益高涨，在国际服装设计舞台上和服装市场中，各种带有运动风格的服装大量涌现出来，设计师们推出"跑道线型"服装，以引导和唤起人们对于体育运动的联想，带有运动风格特色的夹克衫和萝卜裤也大行其道（图3-37）。

图3-37　20世纪80年代主流风格的服装

　　同时，20世纪80年代的服装明显地受到了后现代主义文化思潮的影响，服装设计理念有了重大突破。许多过去的"另类""不合理"的设计概念被运用到设计之中，重现新的特质，在这种多元的、自我的、模糊的后现代设计理念的影响下，女装设计也体现出独特的"后现代主义风格"，即打破了艺术与生活的界限，在对女性形象的塑造上，呈现出比较颓废、反叛的服装形态，在保持整体风格简约性的同时，注重细节的装饰，体现出休闲的味道。例如，来自日本的设计师川久保玲（Rei Kawakubo）、山本耀司又一次对现有传统审美观念挑战，他们以黑色为基调，推出了令世人瞠目结舌的"破烂装"和"乞丐装"，这是对所有主流样式的毁灭和破坏，是对人类审美的颠覆和再定义，对服装设计的发展具有革命性的意义（图3-38）。

图3-38　20世纪80年代的"破烂装"和"乞丐装"

　　同时，在这股风潮中，服装设计大师们也纷纷推出了许多让人眼花缭乱的后现代风格作品，其中最具代表性的设计师是让·保罗·戈尔捷（Jean Paul Gaultier）和维维安·韦斯特伍德（Vivienne Westwood）。让·保罗·戈尔捷不但带动男性穿裙装的风潮，也以怪异而另类的手法来打破过去的审美观，让男装品种和风格更加丰富多彩，也进一步促进服装流行的多样化和国际化。维维安·韦斯特伍德则成功地将青年亚文化团体的服饰概念应用到高级流行服装的主体之中。

（四）回归自然和极简主义时期（1990—1999 年）

20 世纪 80 年代末至 90 年代初，随着西方经济的衰退和人们审美观念的转化，人们对于高科技所带来的现代工业的严格秩序产生了难以言状的反感，同时由于现代社会的激烈竞争、噪声及环境污染等问题，带给人们精神上的高度紧张，人们在心灵深处渴望得到一种抚慰和清静，在情感需求上更加期盼古老文明时的宁静与自然的祥和。于是，在服装设计上出现了新的倾向，其主要特征是：倡导传统文化及民族民间艺术风格；追求自然情调及原始形态。于是这种设计倾向成为 20 世纪 90 年代服装设计的主导趋势。

20 世纪 90 年代以来，欧美国家经济不景气，能源危机进一步强化人们的环保意识，"回归自然，返璞归真"成为时装设计新主题。在"环境保护"思想的倡导下，人们从大自然的色彩和素材出发，各种自然色和未经人为加工的本色原棉、原麻、生丝等粗糙织物成为维护生态的最佳素材。在服装造型上追求自然、舒适，强调无拘无束的穿着形式，于是各种休闲装、便装、运动装普及于日常生活中。重叠穿衣再次成为时髦的穿着方式，内紧外松、内短外长成为流行。在美国设计师的带动下，"极简风格"成为 20 世纪 90 年代服装的主要流行时尚，衣着开始简化，内衣外穿和无内衣现象越演越烈。极简风格，代表一种艺术流派，也是一种生活方式，这是一种将设计删减至最后的"纯粹"形式，却同样能实现完美和感觉热烈的设计理念（图 3-39）。卡尔文·克莱因（Calvin Klein）等美国设计师们将美国文化中的"自由、不受拘束"与"极简风格"相互结合，表现出"简洁、利落、帅气"的特色。

另外，20 世纪 90 年代出现的"中性风潮"，即女装男性化和男装女性化，体现出男女社会角色的趋同的现实以及人们淡化性别差异，追求个性的思想，也体现了男女平等的观念深入人心。此时期具有代表性的设计师是詹尼·范思哲（Gianni Versace）、乔治·阿玛尼（Giorgio Armani）、约翰·加利亚诺（John Gailliano）等。

图 3-39　20 世纪 90 年代主流风格的服装

本章小结

● 服装设计作为一门综合性的交叉学科，是以服装材料为素材，以人为对象，借助审美法则，运用恰当的设计语言，对人体进行包裹和打扮，完成整个着装状态的创造过程。

● 与其他产品设计相比，服装设计的特殊性在于它是以不同的人作为造型的对象。设计时必须同时满足人的生理需求和心理需求。

● 服装设计的三要素是款式、色彩和材料。

● 款式设计在整体服装设计中起到非常重要的作用，它是服装造型的基础，起到主体骨架的作用。

● 色彩设计是创造服装的整体视觉效果的主要因素，也是创造服装整体艺术气氛和审美感受的重要因素。

● 在服装设计中，面料是体现款式的基本素材，它是服装设计中的物质基础。

● 服装流行是指某一时期，在服装领域里占据上风的主流的流行现象，是被市场某个阶层或几个阶层的消费者广为接受的风格或式样。

● 服装流行的特征主要体现为：渐变性、周期性和关联性。

● 影响服装流行的因素有：内在心理因素和外在环境因素；其中外在环境因素又包括自然因素和社会因素。这里的社会因素主要包括：政治、经济、科技、文化、艺术、宗教、民俗、战争、生活方式和社会热潮等因素。

● 20 世纪前半叶服装设计的发展历程经历了下面几个时期：简洁式现代女装的萌芽时期（1900—1919 年）；现代女装和高级时装的兴起时期（1920—1929 年）；阴柔与阳刚的更迭时期（1930—1946 年）；优雅的高级时装鼎盛时期（1947—1959 年）。

● 20 世纪后半叶服装设计的发展历程经历了下面几个时期：轻便和短装化时期（1960—1969 年）；宽松和休闲的多元化时期（1970—1979 年）；另类和中性化时期（1980—1989 年）；回归自然和极简主义时期（1990—1999 年）。

思考题

1. 21 世纪后的服装变化规律与服装流行有何关系？

2. 国际时装界推崇夏奈尔为"世界三大服装设计师之一"的原因是什么？你有何感悟？

3. 20 世纪 70 年代，日本设计师在法国巴黎成功的历史意义是什么？

4. 为什么说川久保玲和山本耀司的"破烂装"具有革命性的意义？

5. 寻找不同风格的世界服装设计大师的经典作品 10 款，从服装设计的三要素上进行系统分析，并结合不同的审美角度进行评判分析？

6. 针对 20 世纪不同年代的服装特色，运用服装流行的特征性和制约因素加以分析？

第四章
服装基础设计原理

课题名称：服装基础设计原理

课题内容：服装设计的特性

服装设计的原则

服装设计的联想思维方法

服装联想设计的应用实例分析

课题时间：8 课时

教学目的：通过本章的学习，使学生掌握服装设计的原则，理解服装设计的特性，

重点掌握服装设计的联想思维方法，并通过实践训练，能够使学生在服

装设计中灵活应用，具备一定的设计思维的能力，为今后的服装设计奠

定基础。

教学要求：1.使学生理解服装设计的特性。

2.使学生掌握服装设计的原则。

3.使学生重点掌握服装设计的联想思维方法，并能在实践中灵活应用。

课前准备：阅读相关艺术设计方法论方面的书籍。

第一节　服装设计的特性

服装设计作为一门综合性的实用艺术，在总体原则上，具有一般实用艺术的共性，但在内容与形式、设计手法上，又有其自身的特性。因此，必须了解和掌握服装设计的一些特性，在实践中运用这些特性。

一、服装的实用性

服装的实用性就是服装的实质所在，服装的产生便与生活紧密相连，同时服务于生活，也成为人类物质文明的标志之一。服装既可以保护人体，又可以满足人们的生活、生产和各种社会活动中的生理与心理的需要。这是服装的使用价值之一，也是服装实用性的突出表现。

服装的实用性表现在两个方面：一是符合人体的生理需求，二是满足人的心理需求。

（一）生理需求

因为服装是以人体为基础进行造型的，它被设计师们称为"人的第二层皮肤"。因此，服装设计与一般的实用造型艺术，如建筑、家具设计等相比较，在款式造型上的变化幅度不可能很大。因为服装必须以人体为依据，受到人体结构的制约。无论是经典款式的服装还是时尚的服装，无论是概念型或式样型的服装，纵然有千变万化，但它们都必须具备符合人体结构特征的基本形式。

（二）心理需求

服装应具有塑造和美化人体，对人体进行扬长避短的修饰和美化的实用性功能，这也是服装设计的根本目的之一。例如，东方人体的体型特征不如西方人体曲线感强，腰节显得比较长，具有中国美的旗袍在结构设计时，通过提高腰节线，以此拉长人体的下肢，突出人体的曲线感，原则是通过强调人体的曲线美或略为夸张人体美的方式来修饰人体。

二、服装的社会性

服装的社会性是指服装被穿着后所产生的表征作用和对社会生活的影响及相互关系。

（一）社会礼仪的需求

服装的穿着不仅是人类的个人生活问题，而且也是社会生活问题。没有服装，人们便不能进行正常的生产劳动和社会活动，这是服装最根本的社会性意义。

（二）社会经济的反映

不论是古代服装，还是现代服装，都是整个社会生产的一个重要组成内容。现代服装的工业化生产更是一个国家或地区的国民经济的组成部分，而服装是一种社会消费品，这也是服装社会性的一种含义。

（三）社会文化的标志

服装也是一个国家的科学技术和生产水平的体现，是人们的文化艺术素养和精神面貌的反映，是一个国家社会文化的表征。服装的社会性主要表现为服装的等级性、服装的地方和区域性、服装的民族性、服装的职业性、服装的伦理性等特征。

（四）社会适应的表现

由于服装是社会与个人联系的纽带，它既要实现个性、表现自我，又要被社会大多数人认可。许多心理学家认为，一切合乎社会道德的行为都是因"他人"的态度而发生，时髦的矛盾就在于每个人试图与人相同，同时又试图与人不同。正如法国人所说的："时髦的秘密就在于从方法到目的，从服装到环境的完全适合"。服装设计要巧妙、恰当并及时地把握这种心态，以适应人们个性和社会心理的需求，从而表现出服装的社会适应性。

三、服装的审美性

（一）服装审美源于装饰动机

美学的基本原理说明美不只是艺术品专有的属性，也是所有人工制品或产品的普遍属性。服装上潜在的装饰动机是人类对美的执着追求的表现，也是艺术创造的动力所在。人类学家和心理学家认为，装饰动机是人类服饰起源的原始动机和基本动机。例如，一件衣服，当我们不考虑它的实用价值时，只是把注意力集中于它的外在形式（造型、色彩、面料肌理、装饰手法等）进行评判时，它便展现出服装的审美功能性。如果我们通过观察这件衣服的整体造型或局部细节，以此产生某种特殊的情感，即审美感，然后对它做出肯定或否定的审美评价，这就是服装所具有的审美属性和审美功能。

（二）服装审美受制约于诸因素

服装审美是一个极其复杂的过程，服装以其神秘、朦胧、含而不露、引而不发的艺术特质传达着视觉张力，激发观众的想象力和审美意识。服装审美受到审美者的文化素养、经济、年龄、受教育程度、宗教信仰、习俗、价值观、感知能力和地域性等诸多因素的制约。例如，加里曼丹岛上的达雅克妇女，少女时期耳朵要挂三公斤的特制铜球，到 16~20 岁时，耳垂便可以抻长至肩，被认为耳垂越长越美，这种风俗虽然建立在破坏人体的基础上，但作为民族特定文化的沉淀，仍被她们认为是一种美（图 4-1）。

（三）服装审美随社会的发展而变化

服装审美随着社会的发展，人们生活方式与生活情趣的变化也会有所改变，不同时期的审美取向不同，也就产生了不同的审美评判标准。特别是人们所处的时代背景会对人们的评判标准起到很大的影响，尤其是流行时尚。人类审美趋同感的存在，使"时尚"成为人们竞相模仿、追逐消费的催化剂。例如，现代生活的节奏，使人们产生了新的审美观念，高速公路、流线型的建筑与交通工具等各种产品设计，都以线条简洁、明快为美。因此现代的服装也随生活方式的需求而相应有所变化，注重款式的简洁、大方、有个性，穿着方便，并可作多种组合与变化，将机能美作为服装审美的中心（图 4-2）。大众的这种审美价值取向造就了这样的时尚，这样的服装也包容了群体的审美心理。因此，服装样式的千变万化，服装流行的无穷更新，也正是人们审美心理与时髦心理的反映与寄托。

图 4-1 达雅克妇女

图 4-2 现代女装

四、服装的文化性

各民族的文化历史悠长，深深扎根在人们心底，因此，不同文化对服饰的影响是巨大而无所不在的。文化包括人类所创造的物质与精神财富的总和，具有丰富的内涵，而其中的民俗与生活方式则直接影响到服装的功能与需要。纵观每个历史时期，服装都体现着一个时代的物质文明和精神文化风貌。例如，唐朝的华丽、富贵、开放与融合；宋朝的含蓄、简约、实用和质朴。横观每个国家、每个民族的服装都以其自己的特色、缤纷绚烂来映衬着它的物质、文化和心理内涵。

中西服饰之间有着巨大的差异，造成其差异的主要原因就是中西文化的差异。

（一）中国传统对服装的影响

中国传统服饰是含蓄而内敛的，宽衣博带较大程度地遮掩了人的身体。因为中国古代哲学思想有一个重要的命题，即"天人合一"。无论是汉代的"天道自然"，还是唐五代的"同自然之妙有"，都体现了人与自然的和谐，"天人合一"的思想体现在服饰文化上就是人与衣的和谐，拢万物于怀袖之中，因此宽衣博带的服装样式一直是中国服装历史的主流（图4-3）。

图4-3　中国唐朝服饰

（二）西方文化对服装的影响

西方服饰文化侧重个体的张扬和个体的彰显，用服装来塑造和凸显人的主体性，即用衣饰塑造最美的人体，并逐渐形成了窄衣文化体系，其在于更加突出体现和夸大人的自然特征，强调人的第二性征的表现。例如，男装突出肩、胸的宽阔和腿部的挺拔；女装围绕女性三围曲线变化，如"鸽胸""翘臀"腰的"收和放"等（图4-4）。到近现代，西方窄衣文化的发展，使服装设计的核心集中指向"性感"的表现，女装设计的重点指向双腿，通过裙长的变化，使女性腿部不断增加暴露度，以表现"人体的魅力"，如20世纪60年代的超短裙。

中西方服饰审美文化的这种差异性，主要是中国服饰的审美是一种隐喻文化，艺术偏重抒情性，追求服装构成要素的精神寓意和文化品位；而西方服饰审美却是一种明喻文化，重视服饰造型、线条、图案、色彩等因素的外在美感。总体说来，中国的服装较为含蓄、保守、严谨和雅致，而西方的服装较为创新、大胆、随意和奔放。

五、服装的艺术性

服装的艺术性，是人们穿着服装后所呈现的美感程度。所谓服装的美，就是服装与艺术风格融合，成为了艺术映射的物质载体。服装具有艺术的普遍本质，即社会本质、认识

图4-4　西方18世纪的服饰

本质及审美本质。"衣者爱美，而为悦己者容"，服装除了直接的实用性功能以外，其超功利性的审美功能与艺术有着密切的关联，因为审美是艺术的核心本质，服装正是艺术创造者在对世界的审美感悟中创造出来的作品。许多博物馆把服装作为艺术品进行展览，例如，在纽约大都会博物馆举办的"夏奈尔时装巡回展"、亚历山大·麦昆（Alexander McQueen）回顾展——"野性美"。在法国，服装被称为第八大艺术。

在服装设计中，尤其是一些服装设计大师的作品中，常常会看到受各种文艺形式，尤其是艺术思潮启示而创作的具有影响力的服装作品。例如，20世纪以来，抽象派蒙德里安的构成主义，20世纪90年代前卫派的立方主义，或是回归自然、复古主义等艺术流派和艺术思潮，明显或不被觉察地影响了服装的变化而形成流行趋向（图4-5）。

六、服装的科学性

服装是指人体着装后的一种状态。从服装的概念中可以看出服装是穿在人体上，要让人穿着舒适，在服装设计时，首先要考虑"人"的因素。服装设计是一项综合性设计，它包括款式设计、结构设计和工艺设计三部分。这三部分的设计都必须考虑人体的特征性，必须根据人体工程学来设计服装结构，再根据服用需要和造型要求选择合适的材料或重新对材料进行再造，最后采用合适的工

图4-5 源自蒙德里安的构成主义

艺设计手法对服装进行实物制作，这些均体现出服装的科学性。因为服装设计是科学与艺术相结合的产物，尤其是在现代经济和技术高度发展的今天，人们越来越进入生活化设计阶段，更加强调"以人为本"的设计理念，因此在服装设计时，不只是单纯地追求所谓的形而上的精神创造，而且更加强调服装以人的穿着为基础的设计的科学性。

服装设计的科学性主要表现在以下几个方面。

（一）结构设计

在结构设计上，服装应该符合人体的生理构造和运动特性，便于人们穿脱，便于行动。例如，人体上肢运动会产生前胸和后背尺寸的变化，人体的跑跳和弯腰都会造成胸、腰和臀部尺寸的变化，这些都是需要在服装结构设计时考虑和设计的基本问题，其制约着服装的款式设计、服装材料的选用以及服装加工工艺设计的选择。

（二）材料选择

在服装材料的选择上，一方面，服装的材料决定着服装的造型形态，是服装设计中的物质

基础；另一方面，服装功能性的体现离不开服装材料，特别是那些具有特殊功能或在特殊环境下穿用的衣服，更加强调服装材料的科学性。例如，宇宙服、潜水服、消防服、炼钢服以及防静电、防污染的工作服等，对服装的安全性要求越来越高，因此需要科学地选择材料。

（三）工艺设计

在服装的工艺设计上，科学的服装工艺流程体现着服装的经济价值和市场效应。

总之，现代服装设计必须具备安全、健康、舒适、功能、美观、个性等理念。因为它是人与人、人与服装、服装与环境、环境与人各个系统关系的整合，只有艺术与科学的完美结合才是服装设计的理想方向。

第二节 服装设计的原则

一、服装设计的目的

服装设计的对象是人，是美化、装饰人体，表现人的个性与气质的一种手段，其主要目的就是为了人们生活的舒适、美观。因此，服装设计的目的是采用扬长避短的原则来美化和修饰穿着者的形态，更好地展现其优美的体态气质，弥补人体的缺陷。

二、服装设计的 5W 加 1H 的原则

作为一名服装设计者必须对 5W 和 1H 的原则进行学习。

（一）何人（Who）

对穿衣者的研究，既有个人，又有集团。由于每个人和每个行业对服装的要求不同，因此对不同类型的人和群体进行分析，是服装设计的首要任务，搞清楚所设计的服装是给何人穿着。例如，针对不同性别和年龄层的人体形态特征进行数据统计分析，利用人体工程学的知识，设计出符合人体结构、舒适合体的服装；同时依据着装主体的文化、教育、个性、修养、习俗、艺术品位和经济状况等因素的不同，进行设计定位和设计方案的确定。

（二）何时（When）

设计时应考虑设计的服装是什么时候穿着，即在什么样的情形、场合和时间下穿着什么样的服装，是有着不同考虑的。例如，同样是礼服，晚礼服和日礼服穿着时间是不同的。设计的时间还与季节因素有关。应季的面料、色彩、造型都应该考虑，如果季节和面料选择合理，人与环境和季节就比较统一，穿着者的心情也就比较愉快。从季节与服装设计的总体来看，夏天选择冷色系，冬天选择暖色系，对于有季节感的服装更能增强服装美的效果。

另一方面，设计的时间概念还具有另一个含义，即设计必须走在"时间"的前面。设计的"时间性"可以满足人们的消费心理，引导人们的消费动向。因此时装被称为"鲜活商品""时间商业"，以时间为价值并不断追求新颖的款式是服装商业的手段。设计的"时间"概念可以一年、一季、一月、一周、一日来区别，这包括了流行、季节与气候的变化，时间的节日需求。

（三）何地（Where）

何地是指服装设计应该考虑人们在什么场合穿着，即人们穿着服装的活动范围及空间。因为生活中的人们常常处于不同的环境和场合，为了保持一定的社会礼仪及生活习惯，满足不同的需求与爱好，因而产生了各种各样的服装款式和穿着方式。例如，生活在城市与生活在乡村的人们，对服装款式与色彩的需求就不同，乡村的人们可能更喜欢鲜艳的色彩，因为这些色彩可以很清晰地出现在广袤的田野上，能够跳跃于田野的色彩之上；日常家居与上班外出对衣着的要求也不同，日常家居服更讲究服装的舒适性，而上班外出的服装更强调服装的工作特色以及端庄和社会礼仪的需求。因此人的多元次因素必须考虑在设计中。

（四）为何（Why）

为什么而设计就是对设计目的的考虑。穿着的目的和用途不同，对服装的要求自然不一样，从服装的社会属性来看，大多数社会公共场合下，服装其实并不是为自己穿着，而是以符合社会礼仪的需要为目标，希望得到他人的认可，以此满足穿着者被认可和被欣赏的心理需求。例如，旅游和晚宴的目的不同，休闲是旅行的目的所在，所以着装以休闲、舒适为主。如果设计的目的不明确，则会影响对服装造型、色彩和面料的选择，这样就会直接影响设计的效果。

（五）什么（What）

"穿什么？"主要指穿什么样的服装？例如，职业套装、休闲服、趣味服装等。服装的种类和穿着效果是设计者必须认真考虑的。在同一场合，服装有不同的选择和搭配的效果，不同的设计选择决定了着装者的着装状态以及与他人的关系，从而决定了穿着者在人群中所扮演的角色。

（六）多少（How）

由于服装属于产品设计的范畴，受制于市场商业的运作，因此服装设计中必须考虑服装的价格定位和成本核算。随着服装市场的发展，服装品位和价位的针对性越来越强，经营方法与经营手段也越来越多样化。因此产生了许多品牌，每一个品牌都有它的商业形象和知名度，因而每一个品牌具有自己独特的风格，都可以表现穿着者的着装品位，以销售的服装价位表示归属，如中档的或是高档的，品牌的意识及市场的价格定位是当今服装设计的一大特点。

知识点导入

作为一名服装设计人员，必须要知道服装设计的 TPO 原则。TPO 原则是将服装设计的 5W 加 1H 的原则简化为三个方面。

1. 着装主体（Object）

着装主体也就是着装对象，人是服装设计的中心，只有对被设计者的各种因素进行全面了解和分析后，才能够设计出针对性的服装。

2. 时间（Time）

不同的时间条件下，对服装设计的要求是不同的，服装的色彩、造型以及装饰手法等都要受到穿着时间的影响和限制，特别是一些特殊时刻，如婚丧礼仪，对服装设计都提出了特别的要求。

3. 环境和场合（Place）

人在生活中常处于不同的环境和场合，需要有相应的着装要求来适应不同的环境需求，因而产生了不同环境下的不同服装款式和穿着形式。例如，医院和工厂、公司和晚会对衣着的要求是不同的。一个优秀的服装设计师必须具有将服装与环境完美结合的能力。

第三节 服装设计的联想思维方法

一、设计思维的概念

"设计思维"这个词是在 20 世纪 80 年代，随着人性化设计的兴起而首次引起世人的瞩目。在科学领域，赫伯特·A. 西蒙（Herbert A Simon）于 1969 年出版的《人工制造的科学》中将设计以"思维方式"的观念提出；在工程设计方面，更多的具体内容可以追溯到罗伯特·马金（Robert McKim）1973 年出版的书《视觉思维的体验》；在 20 世纪 80~90 年代，罗尔夫·法斯特（Rolf Faste）在斯坦福大学任教时，扩大了马金的工作成果，把"设计思维"作为创意活动的一种方式，进行了定义和推广，此活动通过他的同事大卫·M. 凯利（David M Kelley）得以被 IDEO 的商业活动所采用；彼得·罗（Peter Rowe）1987 年出版的《设计思维》是首次引人注目地使用了这个词语的书籍，它为设计师和城市规划者提供了实用的解决问题程序的系统依据。

"思维"是人脑对客观事物的间接和概括的反映，它既能动的反映客观世界，又能动的反作用于客观世界。"思维"有再现性、逻辑性和创造性。主要包括抽象思维和形象思维两大类。"设计"是科学与艺术的统一，如果站在"思维"的层次说，设计思维就是把计划、构思、研讨等意图的发展，通过媒介视觉化造型来表达预想过程的方法和技巧，设计思维也是科学思维和艺术思维的统一。设计思维是人类有目的的思维活动，是进行设计时的构思方式，也是生成设计最初的突破口，它通过一定的方式和手段传达给对象。

二、设计与联想

（一）联想

客观世界上的一切事物都存在着一定的内在联系性或外在认识的关联性。联想是由某一事物想到另一事物的心理过程，由当前事物回忆过去事物或展望未来事物，由某物想到与之相反的彼物，这都是联想。生活中每个人都经常自觉不自觉地做各种联想。联想是审美过程中的一种心理活动，是美学和心理学研究的范畴。

从"联想"一词可以看出："想"代表记忆、印象，而"联"代表想象、关联。所谓"联想"就是通过"想"从记忆和印象中将两个不同的元素提取出来，再通过想象把它们关联在一起，即形成"联想"。例如，当看见绿色，就会想到草原、田野、竹林（图 4-6），同时也会让人联想到希望和具有勃勃生机的生命。绿色是色彩中的一个色相，是一种视觉现象，而草原、竹林是具体的景象，希望和生命是人们的感象，这些事物并不相关，它们之间似乎是没有什么直接的联系，然而它们之间客观存在的内在联系和主观认识上的关联性，将它们联系到了一起，因为草原、竹林是绿色，草原中的小草和竹林中的嫩竹代表着希望和勃勃生机的生命，于是，

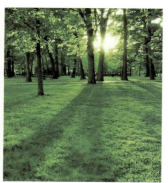

图 4-6 绿色的联想

绿色以草原和竹林作为媒介与希望和生命发生了关联，产生了必然的联想，这种想象和关联性往往是设计的灵感之源。

（二）联想在设计中的作用

联想是创意设计思维的基础。奥斯本（Osborne）说："研究问题产生设想的全部过程，主要是要求我们有对各种想法进行联想和组合的能力。"联想在创意设计过程中起着催化剂和导火索的作用，许多奇妙的新的观念和想法，常常由联想的火花点燃，事实上，任何创意活动都离不开联想，联想是孕育创造性设计的温床。创造的联想在服装设计中是非常重要的设计方式。法国著名的服装设计大师克里斯汀·迪奥在 20 世纪 50 年代，他的每次法国高级时装展示会中，都能不断推出令人耳目一新的服装外轮廓造型，被冠以"时装之王""流行之神"的美称，是当时引导潮流的服装设计师。那么，他的设计灵感来源于什么呢？他在所著的书中写道：所有的灵感都来自展览会、美术馆、旅游、街道、食堂、宠物等所有生活涉及的事物。这些事物以及所有的经历及感悟都能激发出他的设计灵感，他会立刻记录下来，从记录和收集的东西之中去发掘每一次时装发布会的设计素材。迪奥就是这样，不断通过观察生活，记录生活中的点点滴滴，成为自己的创造源泉，从而使设计的联想变得有章可循、变幻无穷。

三、联想设计的方法

联想有着极其广泛的基础，联想在科学技术发明、文学艺术创作、产品设计和生活实践中随处可见，例如，常常说到的成语"谈虎色变""望梅止渴""触景生情"等，都是联想的结果。联想是审美过程中的一种心理活动，是属于美学和心理学研究的范畴，联想这种心理活动又是一种扩展性的创造思维活动，是创造美的过程中的一种思考方法，其为创意设计思维的运用提供了无限广阔的空间。从不同的角度出发，联想表现的形式不同，从创造的角度出发，一种是由此物的材料和造型联想创造出彼物的造型效果，重点在于设计中"形式"的联想扩展和延续，以此来体现联想的创造效果；而另一种则是对设计中"内容"部分的联想，将此内容或内涵融入设计中，发挥自由的富有独创性联想的设计思维，最终通过设计的形式表达某种具有内涵意味的创造效果。

联想概念及其规律，始于古希腊的柏拉图和亚里士多德（Aristotele）。他们提出了联想三大定律：相似律、对比律和接近律。在设计中，从独创性的联想思维方面看，主要分为：相似联想设计法，逆向联想设计法，形态组合关联设计法，主题创意联想设计法等。

（一）相似联想设计法

相似联想设计法就是关于物的"形"与其他物的"形"彼此之间产生的联想。这种联想是由于事物之间的相似点而形成的联想，也称为类似联想。我们熟悉的诗人李白的名句"云想衣裳花想容"，就是由天上的云朵联想到人的衣裳，由花的娇艳美丽联想到人的容貌，在这里充分表现了事物的相似性。还有诗人杜甫的名句"天高云去尽，江迥月来迟"，诗中将云和月的移动现象，同人的脚步移动联想在一起，从而使所描述的事物是如此生动地呈现在人们的脑海中。在许多古典诗词中，都运用了这种相似联想法。这就是从相似形态与相似性质的要素作为出发点，从同一系统的事物中去发现、去联想他们之间的关系。

对于服装设计而言，运用相似联想设计法，可以将各种各样的造型概念与服装的具体形态进行联想，将其应用于服装的造型设计中。例如，以鱼为设计灵感，首先要观察鱼的外形，了解其生活习性，它的哪些形态可以给我们带来联想，与服装有何联系？找到了它们之间的联想切入点，就可以把鱼的动态、鱼鳞、鱼鳍、鱼尾乃至鱼纹的色彩以及水栖的习性等特征运用在服装上，以此进行相似联想设计。

（二）逆向联想设计法

逆向联想是由具有相反特征的事物或相互对立的事物间形成的联想，也可称为对比联想或反向联想。在日常生活中，人们经常会看到白而想到黑，由水想到火，由冷想到热，由方想到圆等，都是习以为常的逆向联想。我国诗人杜甫的著名诗篇《自京赴奉先县咏怀五百字》中的名句"朱门酒肉臭，路有冻死骨"，就是运用了逆向联想的写作手法对社会的贫富现象进行犀利的抨击。

逆向联想就是从事物的对立面去思考，去想象。事物在完全相反的"形"与性质的关系状态下的自然显现。对于服装设计而言，近几年，世界流行的中性服装思潮，女装男性化，男装女性化，内衣外穿等都是利用逆向思维、逆向联想出新出奇，迎合人们的品位，这种独特的手法往往能够创造出意想不到的设计效果。因此，在服装的创意设计中发挥着重要作用。服装设计中的逆向联想主张脱离传统的服装设计框架，更多地去表现设计师主观感受和激情，采取夸张、变形等生动活泼的艺术手法，如造型夸张、色彩大胆奔放、面料鲜明奇特等。

（三）形态组合关联设计法

形态组合关联设计法就是通过观察同类事物的形态组合来分析考虑设计的方法。例如，在服装设计应用的场合，一方面是服装种类的分析；另一方面是局部的技法表现分析，通过这些形态组合关联设计后就产生了新的设计形态（图4-7）。

在仅有某一类服装的场合下，一方面对此种类服装的不同形式进行分析；另一方面对其局部技法表现进行分析，通过这些形态组合关联设计后就产生此类服装的新设计形态（图4-8）。

（四）主题创意联想设计法

选择一个主题，可以是具象的事物，也可以是抽象的事物，它包括宇宙间的所有事物，例如，森林、建筑、花鸟、植物、海滩、草原、一段钢琴曲、一首抒情诗、一幅风景画等，利用抽象思维形式以及直观的感觉，来联想构思服装的造型，并通过服装造型的某些因素再现主题

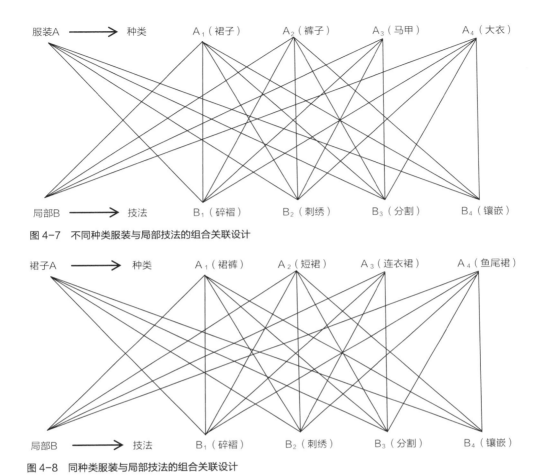

图 4-7 不同种类服装与局部技法的组合关联设计

图 4-8 同种类服装与局部技法的组合关联设计

的整体感觉。利用款式特征、面料肌理、色彩配置及图案装饰等体现主题构思，可以是具体事物的变异，也可以是抽象事物的一种意境抒发，或者两者兼有。

总之，从宇宙间任何物象景观中激发设计灵感，运用丰富的想象力和创造性思维，通过联想、组构、物化等艺术手段进行服装的设计构思。

第四节　服装联想设计的应用实例分析

服装设计师在设计过程中突破现有的设计模式获得灵感，通过各种可行的联想设计方法将灵感应用到服装设计中。灵感实现要注意服装整体色彩的协调、材料优化搭配、服装造型和衣着观念的突破。

一、相似联想设计法的应用实例分析

实例设计 1

亚历山大·麦昆的 2013 秋冬高级服装秀，是由亚历山大·麦昆的后继者莎拉·伯顿（Sarah Burton）担纲设计的，虽然只有十套，但却给人极强的震撼力。此系列服装的设计灵感来源于欧洲传统建筑。首先从设计灵感中提取材料、造型、色彩、肌理的关系（图 4-9），运用相似联想设计法，通过在廓型、材料和色彩组合上进行服装的相似联想设计（图 4-10）。

最终设计作品通过精巧的剪裁和细节的修饰，采用登峰造极的繁复展现了一个颓废的维多利亚女王形象，密布着装饰感极强的网状结构、珍珠组成的头冠，整个系列作品工艺繁复，精美考究，给人唯美的视觉享受（图 4-11）。

图 4-9　灵感源 1

图 4-10　相似联想设计

图 4-11　最终设计 1

实例设计 2

　　此设计灵感是来源于羽毛与巴洛克式浮雕纹饰，夸张的裙裤设计。本款服装设计主要通过提炼和模仿羽毛的轻盈和形态的曲线感、欧式宫廷的华丽建筑材料、金银色彩以及曲线的构成形式；模仿浮雕材料的肌理特点（图 4-12），最后通过运用相似联想设计法进行服装造型和面料的肌理设计，达到最终的服装设计效果（图 4-13）。

实例设计 3

　　大自然为我们创造了无数的财富，同时也为设计带来了无穷的设计灵感。许多服装设计大师的作品都是从大自然中汲取新鲜灵感，不断创造出新图案、新色彩、新质感、新造型。例如，在服装设计中，设计师经常会将自然界的树叶、花草的形态与服装中的领、袖及裙身的造型进行联想设计（图 4-14）。

实例设计 4

　　服装设计同建筑有着不解的渊源，世界上许多服装设计大师都对建筑情有独钟，并从建筑中

图 4-12　灵感源 2

图 4-13　最终设计 2

图 4-14　源自植物的相似联想设计

获得灵感，将建筑轮廓和肌理状态运用于服装设计中，服装廓型与颜色结合呈现现代都市特色，以此将女性的柔美与建筑的冰冷融为一体，使其由内而外地散发出现代女性的精致魅力。设计师将建筑的造型与服装的内外形态进行相似联想设计（图 4-15）。

二、逆向联想设计法的应用实例分析

实例设计 1

男装采用内衣外穿，女装采用裙裤层叠搭配，以及将上衣领子的造型运用到下衣的腰部，利用逆向联想思维的设计方法，破旧立新，呈现出独特的视觉效果，吻合当今的个性设计的思潮（图 4-16）。

图 4-15　源自建筑的相似联想设计

实例设计 2

川久保玲被称为破坏主义者，她的设计为以高级设计为主流的欧洲时尚界注入了新鲜的血液，她所采取的设计手法就是逆向联想和逆向关联。川久保玲第一次在巴黎时装展举行发表会时，就受到大家的瞩目，她运用逆向联想设计法，将英伦朋克们擅长的"残、烂、破"手法用在服装上，并且渐渐

图 4-16　逆向联想设计

出现"乞丐装"的称号。

服装应该依附于人类主体，而不是为了服装的穿着而穿着。带着这样的理念，川久保玲在她的设计里进一步探究了人体的结构。她在"服装满足身体（Dress Meets Body）"的发布会上，将服装和身体合二为一，设计出了新的外轮廓造型。设计师在模特身体的各种部位安置了奇特的肿块，来改变模特的身形，讽刺了丰乳翘臀的主流理念。此系列设计采用格文面料，暗示着女性被束缚的家庭生活。同时，在肩部、臀部塞入的填充物与20世纪80年代的垫肩有异曲同工之妙，潜藏着女性意识的觉醒，向往自由，挣脱束缚。川久保玲运用逆向联想法的设计创作，都与现有服装的审美概念背道而驰，她将宽松、刻意立体化、破碎、不对称、不显露身材的服装设计理念渐渐变成了当代服装设计的潮流（图4-17）。

图4-17 川久保玲的逆向联想设计

实例设计3

众所周知，日本的设计思路是融入了经典的东方式人与自然和谐相处的哲学。早在20世纪70年代，西方的传统设计是以体型为基础的立体造型设计，三宅一生打破主流设计思想，反其道而行之，他的时装一直以无结构模式进行设计，摆脱了西方传统的造型模式，以更加深入地运用逆向联想设计进行创意。将面料和服装掰开、揉碎、再组合，形成了与众不同震惊服装界的构造，同时又使其服装设计作品具有宽泛、雍容的内涵。这是一种基于东方制衣技术的创新模式，可谓完全打破了服装设计的传统状态，以独到的设计理念给了当时的西方设计界全新的概念，成为了里程碑式的设计（图4-18）。

图4-18 三宅一生的逆向联想设计

三、形态组合关联设计法的应用实例分析

　　形态组合关联设计的关键在于对构成设计元素的优化组合分析，截取哪些部分，如何优化组合等。在服装设计时，当款式、材料、色彩这三大基本要素寻找到对象优化组合的关联点时，在这一瞬间，新的思想、新的设计思维便会猛然点亮。通过此种设计联想可以丰富设计种类，这种设计方法可以针对不同类的关联设计，可以与不同类的事物形成一一对应的关系，即借助不同类事物的"形"进行关联联想，以此及彼地形成所需事物的创新设计。

实例设计 1

　　不同种类服装与局部技法的组合关联设计。具体方法采用本章第三节中图 4-7 的关联设计方法，得到不同种类服装与局部技法的组合关联设计效果，如图 4-19 所示。

实例设计 2

　　同一种类服装与局部技法的组合关联设计。具体方法采用本章第三节中图 4-8 的关联设计方法，得到同一种类服装与局部技法的组合关联设计效果，如图 4-20 所示。

技法\种类	褶皱	图案	叠加	系带
外套				
上衣				
裙装				
裤装				

图 4-19　不同类服装与技法的组合关联设计

技法\裤子	褶皱	贴袋	印花	拼接
直筒状				
锥形状				
喇叭状				
短裤				

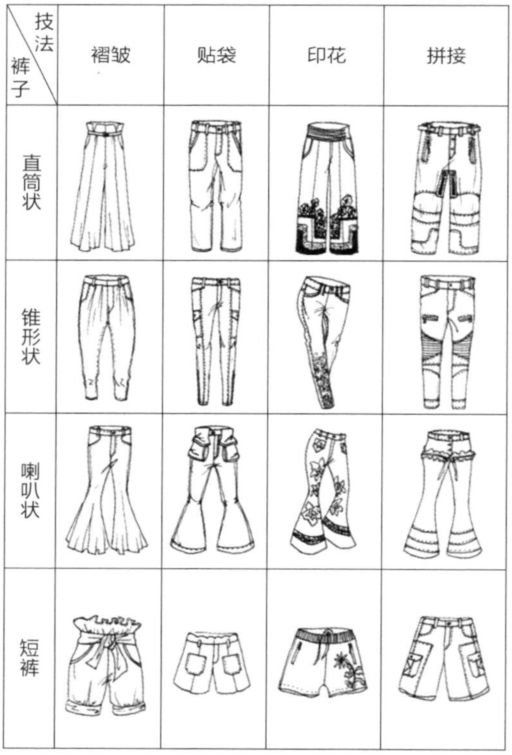

图 4-20　同种类服装与技法的组合关联设计

四、主题创意联想设计法的应用实例分析

实例设计 1

2017 年早春，夏奈儿品牌以"古巴"为主题的创意联想设计。首先，提取素材，寻找灵感源，如古巴的棕榈叶、色彩热烈的哈瓦那街头、哈瓦那古董车和巴拿马草帽等明显具有古巴特色的元素（图 4-21）。

图 4-21 来自古巴的灵感源

其次，色彩提炼，先提取五组小主题色，总结出该主题的用色色域（图 4-22）；对这些元素提炼整合后，以图案的形式和造型修饰的手法运用在系列服装设计中。

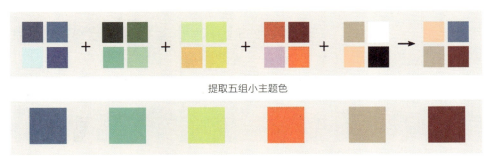

提取五组小主题色

确定该主题的用色色域

图 4-22 色彩提炼

如图 4-23 所示，盛夏的五彩印花系列，将哈瓦那的热情发挥到了极致。那些绚丽的图案，来自街头时髦的各色老爷车，趣味十足。

如图 4-24 所示，灵感来源于古巴哈瓦那的街头。有着"加勒比海的明珠"之称的哈瓦那除了留有建筑艺术的旧城，还建有时髦现代的新城，热情洋溢，缤纷斑斓，是其标志性的特色。

图 4-23　源自哈瓦那古董车的系列服装设计

图 4-24　源自古巴哈瓦那五彩街景的服装设计

　　如图 4-25 所示，灵感来源于加勒比海域的植物，如棕榈叶、红花破布木（Cordia Sebestena）。古巴位于加勒比海西北部，属于热带雨林气候，古巴的许多岛屿植被茂密，绿树成荫、各色植物千姿百态，呈现出别致的美洲风情。此系列服装的印花和刺绣图案是抽象于古巴的银色棕榈树的树叶和红花破布木。棕榈对于古巴而言意义非凡，古巴国徽上就有一棵棕榈树。

图 4-25 源自加勒比海域植物的服装设计

实例设计 2

迪奥品牌 2004 年春夏高级定制时装是以"埃及艳后"为主题的创意联想设计。当年伊丽莎白·泰勒（Elizabeth Taylor）饰演的美丽绝伦的埃及艳后为人们留下深刻的印象。在 2004 年，加利亚诺（Gagliano）从古埃及文明中汲取灵感，带给人们一场 T 台埃及艳后。首先，提取素材，寻找灵感源。此设计主题的灵感来源于埃及金字塔、法老、金字塔中的壁画、木乃伊和埃及艳后等古埃及的元素（图 4-26）。

其次，色彩提炼。此主题系列设计主要采用奢华的金银色彩为主基调，色系关系如图 4-27 所示。

依据不同的设计灵感对整系列服装进行主题联想设计。如图 4-28 所示，此设计是将法老陵墓中的壁画描画在衣裙上，以传达古埃及人神秘的宗教内涵。

图 4-26 来自古埃及的灵感源

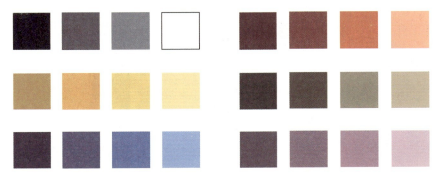

图 4-27 本主题的色彩组成

图 4-28　源自埃及金字塔中壁画的服装设计

　　为了突出主题，此系列服装大量运用埃及法老的头饰进行修饰，并采用大面积的金色和黄色给人以奢华的视觉冲击感，以全新的方式演绎狮身人面像、埃及艳后，再现了四千年前古老的埃及文明（图 4-29）。

图 4-29　源自古埃及法老的服装设计

　　如图 4-30 所示，灵感源自金字塔中的木乃伊，采用黑色和白色的薄纱层层包裹缠绕，形成层叠虚实变换的神秘感，领口部位的打开与整身的包裹形成对比，给人适度的破坏感，更表现出了无限的神秘和性感，再配以夸张的彩妆以此突出埃及艳后的妩媚。

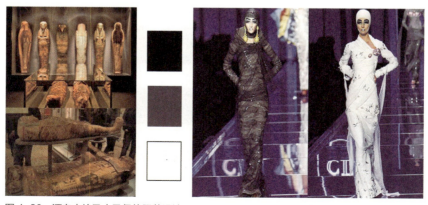

图 4-30　源自古埃及木乃伊的服装设计

　　此主题的系列服装设计充满了奢华感，在晚装的裙摆、袖子上大量采用波浪设计，让模特化身为奢华傲慢的公主。将狮身人面像设计成面具，通过采用神秘夸张的妆容、香艳的大蓬袖以及富丽夸张的女皇头饰设计，使得整个服装主题达到设计的高潮（图4-31、图4-32）。

图4-31 "埃及艳后"的再演绎

图4-32 源自古埃及金字塔的服装设计

本章小结

- 服装设计的特性主要表现为：服装的实用性、服装的社会性、服装的审美性、服装的文化性、服装的艺术性和服装的科学性。

- 服装设计的目的是用服装美化穿着者的形态，从而更好地展现其优美的体态气质，弥补人体的缺陷。

- 服装设计的5W加1H原则主要指为何人，在何时和何地，因为什么，进行什么样的设计，其价值定位如何。

- 设计思维就是把计划、构思、研讨等意图的发展通过媒介视觉化的造型来表达预想过程的方法和技巧，设计思维也是科学思维和艺术思维的统一。

● 联想是创意设计思维的基础。

● 服装的联想设计方法主要有：相似联想设计法、逆向联想设计法、形态组合关联设计法和主题创意联想设计法。

● 相似联想设计法就是关于物的"形"与其他物的"形"彼此之间产生的联想法。这种联想方法是由于事物之间的相似点而形成的联想，也称为类似联想。

● 逆向联想设计法是由具有相反特征的事物或相互对立的事物间形成的联想。也可称为对比联想或反向联想。

● 形态组合关联设计法就是通过观察同类事物的形态组合来分析考虑设计的方法。

● 主题创意联想设计法是选择一个主题，可以是具象的，也可以是抽象的事物，利用抽象思维形式以及直观的感觉，来联想构思服装的造型，并通过服装造型的某些因素再现主题的整体感觉。

练习题

1. 根据服装定位的 5W1H 设计原则，两人一组，相互设定服装设计的要求，为对方设计一套服装。要求：

（1）画出服装款式图，构图合理、主题明确。

（2）写出简要设计说明。

（3）每组选派一名代表阐述设计思路和在设计中对 5W1H 原则的应用。

2. 运用相似联想设计法进行服装设计。要求：

（1）将联想素材、联想设计过程逐级呈现。

（2）画出服装彩色效果图。

（3）写明设计构思。

3. 运用逆向联想设计法进行服装设计。要求：

（1）将联想素材、联想设计过程逐级呈现。

（2）画出服装彩色效果图。

（3）写明设计构思。

4. 运用形态组合关联设计法进行服装款式设计。要求：

（1）以两种不同的分类手法与技法配合进行款式设计。

（2）采用图表的格式。

（3）以黑白款式设计图形式呈现。

5. 运用主题创意联想设计法进行服装设计。要求：

（1）将联想素材、联想设计过程逐级呈现。

（2）画出服装彩色效果图。

（3）写明设计构思。

第五章
服装的造型要素

课题名称：服装的造型要素

课题内容：点

　　　　　线

　　　　　面

　　　　　体

　　　　　造型要素的实践应用

课题时间：10 课时

教学目的：详尽阐述造型要素的概念、构成和它在服装中的表现，使学生在开展

　　　　　设计前有清晰的理论认识，从而具备运用造型要素理论进行服装设计

　　　　　的能力。

教学要求：1. 使学生准确地掌握点、线、面、体的概念。

　　　　　2. 使学生了解造型要素在服装中的表现。

　　　　　3. 使学生掌握造型要素在服装设计中的应用方法。

课前准备：阅读相关服装设计类书籍。

在艺术设计和创作中，无论是平面造型还是立体形态，都可以归纳为点、线、面、体的要素构成。因此，在对点、线、面、体进行认识和分析，可以让我们更好地把握造型元素在设计中的运用。

点、线、面、体最显著的特点是造型的相对性。极小的为点，极长的为线。将点、线扩展就形成了面，将面堆积或旋转就构成了体。点、线、面、体是形成视觉流程的基础。

服装设计属于视觉艺术范畴，点、线、面、体是服装款式造型设计的基本元素，任何服装都离不开这四种元素的应用。

第一节　点

一、点的性质与作用

（一）点的定义

几何学中的点，只有位置，无方向感、无面积大小。在服装设计中的点是最小的元素，它代表了东西的存在，并非只是一个小圆点，也可以是任意的形状，既有宽度也有深度，而且有大小、形状、色彩、质地的变化，如服装上的纽扣、饰品等都是以点的形式呈现，是构成服装的基本要素。

服装设计中的点从形状上可以分为两大类：一是几何形的点，是由直线、弧线等线条构成的几何形状，如服装上的口袋、领结、襟等；二是任意形的点，其轮廓是由任意形的线条或曲线构成，没有一定的形状，如服装中有软性材料随意制成的头饰、饰物、包袋等。

在造型艺术表达中，点有具象的点和抽象的点之分。抽象的点，包括几何形点、无机形点和偶然形点。几何形点如方形点、圆形点、三角形点、星形点等，给人以单纯、平静的安定感和内在的张力感；无机形点是变化随意的不规则抽象点，如雪花形状的剪纸，雪花是个随意不规则的图形。它不像几何图形，不可用直尺和圆规画出来的，但是我们可以通过一定的剪纸方法，制作出来，而且相同的雪花形状是可以复制的；偶然形点，如墨滴、水痕等，其形态随意活泼，给人以轻松自由的印象。抽象点多出自人为的造型选择，而具象点则源于自然造化的各种形态，如飞鸟、花草、果实等。可见，点的形态各异、变化无穷，在带来不同视觉效果的同时，也产生了不同的性格与表情。

（二）点的特性

点是非常小的形象，具有活泼、突出、诱导视线的特性。点在空间中起标明位置的作用。

点是构成形式美中不可缺少的一部分，点的重复可形成节奏，点的组合可产生平衡，点可以协调整体，点可以达成统一。在人们的心理上，点是力的中心。在空间上放置一点，人们的视线会不由自主地集中到这个点上，点不仅指明了位置，而且使人感觉到它具有膨胀和扩散的潜能，并且作用于周围的空间。点相互之间会产生"引力"作用，视觉上重力轻的点会被更重的点吸引。

（三）点在空间中的作用

夜空里闪烁的星斗，满天的飞雪，天空中候鸟南飞……在自然界中存在着形态各异的点排列。点的构成方式多种多样，根据造型的需要，点进行单独、反复、大小、轻重、自由、严谨、虚实、疏密等组织处理，能够使造型显示出丰富的明暗、层次、质地关系，表现一定的情调及美感，从而丰富画面的视觉语言。空间中不同的点构成具有不同的视觉效果，一般来说，规则的点构成可以产生统一、秩序的美，而非规则的点构成可以呈现运动、变化的美。下面根据点在空间中的不同构成情况进行分析。

进行服装设计的时候，点要素位置不同、排列不同或者进行旋转等，都会给人不同的视觉感受。

1. 位置

单点的位置很重要，当一个点在一个空间中心时，有较强的吸引人注意的力量和扩张感，给人以静止和平稳的感觉，也可以占据全部视觉空间（图5-1）。

图5-1 点在中心位置

点不在中心而是靠近一边时，点具有运动感和方向感，让人感觉它在移动，给人活泼灵动的感觉，打破了图形原有的平稳呆板（图5-2）。因此，这也成为服装设计点，在某个部位加上一个小小的装饰，整件衣服都可能会生动许多。如图5-3所示，这款迪奥的礼服肩上的蝴蝶结装饰为点元素的运用，这一装饰体现了灵动的设计感。

图5-2 点不在中心位置

有的点既不在中间也不在边缘，这样游离的点，已经开始慢慢出现在服装中，虽然不多见，但也为原本中规中矩的设计平添了亮点。

两个点相对于单点的出现在服装中会有较丰富的视觉效果，两个点间距、位置不同，能给人带来不同的视觉感受。两个点间距相等的时候会出现下面的情况：

（1）以某个图形的中线为对称轴，两个点均匀分布在两边，呈对称分布，会给人平稳的感觉（图5-4），如图5-5所示，西装的两个大袋即为这样的设计。

（2）如果两个点是处在正方形的对角线两边，也可以说它们是平

图5-3 点元素的应用

图 5-4　点的平衡分布

图 5-5　点的对称分布

图 5-6　点的偏移分布

衡的，因为，只需要转动一定的角度，两个点就可以变换到第一种情况的对称状态，这是一种稳中有动的感觉。

（3）在第二种情况的基础上，将两个点稍微偏移对角线一定距离，会让人感觉这两个点向一个方向移动，并且向外边延长，更增加了动感（图 5-6）。

在同一平面上，如果点的数量增多或大小不一的点组合在一起，就会给人以活泼感、层次感、秩序感甚至紧张感。

2. 虚实

在服装设计中，点的形成有时候是有实际的存在物，而又有些时候是一种视觉上的效果。当线条交叉的时候会产生实的点，而许多线条并列放置，每一条线都在中间断开，就形成虚的点。如服装中的缉线装饰，线露出的部分就是实的点，而没有露出的部分就是虚的点。另外，由于材料和制作方式形成点的虚实变化，如透明面料（欧根纱、网布）的应用可以给人虚的感觉，而厚实面料的运用可以给人实的感觉；镂空工艺的应用也会出现虚的点。点的虚实排列可以增强设计的层次效果（图 5-7）。

3. 大小

在服装设计中，大小相同的点均匀放置在平面上时，给人一种规则的秩序感。两个大小不同的点出现在同一个平面时，小点会被大点所吸引，距离越近，给人感觉引力越强。大点的组合使人感觉大方、刚硬；小点的组合使人感觉柔和、女性化（图 5-8），而大小点形成坡度排列时，给人一种流畅的韵律感。

图 5-7　点的虚实

图 5-8　点的大小

二、*服装设计中点的运用*

在服装造型设计中，点是不可缺少的构成要素。点经常可以作为局部造型的点，在服装中起到画龙点睛的作用，具有灵活、跳跃的特点。而大面积造型的点在服装中有较强的艺术表现力，通常是一件服装设计的重点。点的面积虽小，却蕴涵着较强劲的潜在力量，在服装中凡是显著的小面积都可看成点，如纽扣、衣领、口袋、胸花、首饰等较小的形。点是集中的、醒目的，在空间中起着标明位置的作用，若处理得当，可以产生很好的视觉效果；若处理不当，则易产生杂乱之感。点的大小、位置、形态、排列方式以及聚散变化，体现在服装图案、饰品、辅料的应用上，产生了丰富的服装构成样式。点在服装上的运用可以大致分为三大类：辅料类、饰品类和工艺类。

（一）辅料作为点的运用

辅料类点的应用有纽扣、珠片、线迹、襻扣、绳头等，这类以点的形式出现在服装上的辅料往往都具有一定的功能性，同时还具有装饰性。例如，纽扣在服装上起到连接的作用，可以固定服装，同时，也可以作为构成服装的表现因素使用，对服装起到修饰作用。

纽扣的形状丰富多样，有方形、圆形、三角形、星形以及抽象的几何形，也有鱼形、伞形、苹果形等富有装饰味道的具象形，圆形是纽扣最常见的形状。在正式的服装中，纽扣的数量、排列方式至关重要。通常，较大的纽扣数量少，较小的纽扣数量多。不同造型的纽扣可以用在不同风格的服装中，如果星形、伞形纽扣运用在童装上，可以表达出服装的可爱。图5-9中服装的花型纽扣可以用于女装设计，增添女装柔美可爱的感觉。当一件衣服上只有一颗纽扣时，一般来说形体就较大，很容易形成视觉的中心而格外引人注目，处理得好，为整套服装增色不少。当纽扣的数量较多时，应注意其排列方式，不同的排列方式能产生不同的视觉感，按照等距离排列的纽扣会形成平稳和秩序感；双排扣的门襟对称排列，会使服装产生安定、平衡之感；单排扣装饰于门襟中心，会显得较为轻盈简洁；偏襟扣的斜排变化具有整齐活泼之感。另外，排列的间距不同也会影响设计的表达。图5-10服装的纽扣，颜色不同、大小不同、分组排列且与服装的大身色彩形成对比，这样的纽扣设计使整件服装显得可爱且有动感，并成为整件服装的视觉中心。间距短，纽扣之间相互作用的关系就较强，点与点之间的联系就越紧密，则易于形成视觉上的连贯性，线的感觉就强。通常，形状小的纽扣排列间距较密；反之，形状大的纽扣为避免视觉上的过分紧密而拉大间距离，从而获得舒缓轻松的视觉感受。

图5-9 花型纽扣

图5-10 纽扣的排列

（二）饰品作为点的运用

耳环、戒指、胸针、丝巾扣等，都属于饰品，相对于服装整体效果而言，服装上较小的饰品都可以理解为点的要素。在服装设计中，饰品类的点出现在服装上，可以起到功能性作用，也可以用来装饰服装，与服装主体相协调，达到服装的审美需求。饰品的位置、色彩、材料不同，对点的印象和着装效果也不同。装饰点的位置一般多在前胸、袋边、袖口、肩部和腰部。图5-11中的盘花项链，对设计比较平淡的服装盘花项链起到了装饰作用，盘花的柔美造型，使整件服装女性味道十足。

饰品本身在材料、形态上都具有很强的装饰性。金属、水晶、玻璃等材料表现出闪亮晶莹的美感；皮革材料可以展现野性美；纺织材料或毛绒质地材料都能突出可爱的形象。图5-12中的鞋和袜，展现出饰品的俏皮可爱。饰品也能够与服装中的局部相呼应，如与闪亮纽扣及特殊光感面料在表面质感上的呼应以及在形态、颜色、位置上的补充呼应等。图5-13中花朵造型的头饰，与服装装饰造型相呼应。可见，服装上的饰品往往更注重其装饰性的体现，对于强化服装的整体风格有重要作用。

图5-11 项链

（三）工艺中点的运用

刺绣、印花、镂空等属于工艺类点的要素。图案的表现可以采用不同的工艺手法，各种具象或抽象的图形都可以作为点形式的图案出现在服装上，经过刺绣、镶拼、印染等不同的处理手段，达到面料再改造或服装的装饰效果。通过工艺手法运用点要素进行服装设计，可以使服装更具技术性和艺术性，有时候往往是一件服装的设计重点和特点。

以点元素为图案设计的服装可谓变化无穷。小点图案显得较为朴素严谨。服装上面积较小的部位适合使用小点图案，小点图案能使服装更精致、细腻，如图5-14中的镂空绣花、填充和缝缀等。大点图案富有流动浪漫感，适合面积较大的部位使用。点状图案在纹样构成方式上有散点式的二方连续纹样和四方连续纹样、角隅纹样、单独纹样、适合纹样。二方连续纹样多应用于服装边缘；四方连续的图案多用于衣身；角隅纹样多存在于领角、底边上；单独纹样、适合纹样在服装上的位置十分灵活，可以根据设计需要而定。用来表现点状图案的装饰手法很丰富，如刺绣、缝缀、镂空、填充等，有助于使服装产生不同的格调。

总之，服装中"点"的表现形式多种多样，是服装中不可或缺的

图5-12 鞋

图5-13 头饰

要素，恰当运用"点"的造型，会使衣着样式或生动活跃，或井然有序，或俏皮可爱，或妩媚柔美。在服装造型设计时，应注意点在颜色、形状、位置上的恰当使用，避免服装局部与整体造型脱离而产生琐碎、杂乱感。

图 5-14 工艺类的点（填充、缝缀、镂空绣）

第二节　线

一、线的性质与作用

（一）线的定义

几何学上，线是指一个点任意移动时留下的轨迹，只有长度、位置、方向之分，然而，在造型艺术中，线还具有色彩、厚度和质感等。当点的移动方向一定时，就成为直线；当点的移动方向变换时，就成为曲线；点的移动方向交替变换而成是折线。线的方向性、运动性和特有的变化，使线条具有丰富的形态和表现力，既能表现静感又能表现动感，因此，线在服装造型中担任着重要角色。

（二）线的特性

线在空间中是连贯的，有位置、长度及方向的变化。

服装的造型和结构都是由不同性质的线条组合而成，线是构成服装造型的基本元素，服装中的线包括廓型线、结构线、分割线、装饰线等，这时候的线，有位置、长度及方向，而没有宽度和深度。服装造型设计中的线，是可以有宽度、厚度和面积，还会有不同的形状、色彩和质感，是立体的线。线也是构成形式美的不可或缺的一部分，线的组合可以产生节奏，线的运动可以产生丰富的变化和视错感，可以通过对线的分割强调比例，还可以通过线的排列产生平衡。

（三）各种线条的表现力及特性

线条之间的构成方式丰富多样，按照线条与线条的走向，可以形成平行、交叉、垂直的关系。在造型实践中运用线条自身的曲直、粗细、方向等形态特征，结合人的情感体验，通过巧妙的组织构成，能够使作品产生交响乐般的节奏和韵律。在服装上，依据设计的需要，使用具有不同形态特征的线再进行不同方式的线条组合，会使服装从外形轮廓到内部结构产生丰富多样的款式变化。

线分直线与曲线两大类。长短粗细不同的线，具有不同的表现力与特性。

1. 直线

直线是最简洁、最单纯的线，表现了运动的无限可能性，富有张力。直线具有严格、坚硬、锐利、简洁、明快、挺拔、单纯、庄重、男性的形象。粗细不同的直线给人的感觉不一样，粗线让人感觉厚重、坚强、有力；细线给人以纤细、柔弱、快速的感觉；另外长线能产生持续性和速度感；短线能产生节奏感和醒目性。

图5-15　水平线在服装上的运用

（1）水平线是呈横向放置，有引导目光向左右移动的作用，具有稳定、安静、舒展、宽广的特性。该线用于服装上会因视线横向滑动而有增加宽度的感觉。当水平线数量增加，也会产生线的面化，从而引导视线改变（图5-15）。

图5-16　垂直线在服装上的运用

（2）垂直线与水平线垂直，呈垂直方向，目光随垂直线移动时会有上升、挺拔、苗条的感觉，具有一种向上的力和纵向的动感。粗垂直线有严肃、理性的感觉，细垂直线有轻快、活泼、敏感的感觉。同样，垂直线条多，使视线产生横向变化（图5-16）。

（3）斜线具有不稳定、倾倒、分离的特性，斜线相对于水平线和垂直线而言，显得更具动感和不稳定性。斜线因其倾斜度的不同而具有接近垂直线和水平线的特征。运用在服装上也会产生活泼、轻松、飘逸的感觉（图5-17）。

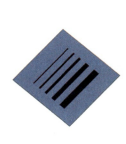

图5-17　斜线在服装上的运用

知识点导入

（1）几条水平线依次排列时，会有一种运动感。

（2）几条直线交叉时，感觉有一种向心力，向着交叉点收缩。

（3）直线的交叉点是虚的，则让人感到离心力的存在，向外扩散、发射。

（4）直线和斜线并存时，有一种缓和感。

（5）两条直线在同一平面内交叉时，给人以紧张的感觉。

（6）两条斜线不同的排列方式，分别给人上升和下降的感觉。

（7）垂直线由短变长，间距由小到大排列，类似透视关系，给人由远及近的感觉。

（8）垂直线由短到长，间距由小到大，再由大到小，由长到短，会给人体积感。

（9）水平线和垂直线相交，垂直线给人感觉是受到阻断，视觉上，垂直线会感觉要比水平线长。

2. 曲线

一个点做弯曲移动时形成的轨迹就是曲线。曲线在生活中普遍存在，云彩飘浮、人体运动都是生动的曲线。曲线与直线相比，其特征是圆顺、优美、温柔、有女性感。曲线的动感较强，使人感到丰满而有弹性。在服装设计的实际应用中，曲线给人以柔软、优雅的感觉。曲线一般多用在女装设计中，特别是晚礼服和休闲服。曲线有几何曲线和自由曲线之分。

（1）几何曲线：几何曲线是平面切断圆锥体时产生的，是可以用几何学的方法复制的曲线，这样的曲线具有确定、明了的性格，能产生一定的时代感和理智性。如圆、椭圆、双曲线等。几何曲线在服装中的运用如图 5-18 所示。

（2）自由曲线：自由曲线是随意画出的曲线，有"C"型、"S"型和螺旋型等，这样的曲线具有柔软、优雅的性格，使人感到温暖纤细、富于变化而不确定，可以产生一定的动荡、活泼感。在服装中特别能突出女性的特征（图 5-19、图 5-20）。

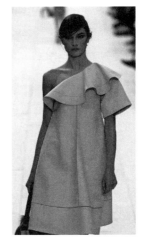

图 5-18　几何曲线的运用　　　图 5-19　　自由曲线的构成形式　　　图 5-20　自由曲线的运用

3. 虚线

虚线是由点形成的，虚线具有不明确、柔和的性格特征。虚线在服装中更多地用作内部装饰线，而不是用作结构线，可以构成一定的图案，经常在服装的口袋边角、领口、下摆等处作为装饰线使用。

二、*服装设计中线的运用*

线在服装上的运用非常广泛，是服装设计中最为丰富、生动、形象的组成要素。服装款式的千变万化是凭借线条的组合而产生。在服装设计时，通过线的重复、交叉、放射、扭转和渐变等构成形式，表现服装造型流动、起伏、伸展的空间关系以及疏密、虚实、变化的美感形式。

线在服装上主要通过造型线、工艺线和装饰线等表现。

（一）*造型线的运用*

服装中的造型线包括服装的轮廓线、基准线、结构线、装饰线和分割线等。迪奥是一位在服装线条设计上具有独特见解的大师，相继推出了著名的时装轮廓 A 型线、H 型线、S 型线和郁金香型线，引起了时装界的轰动。服装的轮廓线即服装的外形线，对于形象各异的服装外形线来说，它决定了服装的视觉形象，是设计的关键。廓型线的变化能够显露出人们跟随时尚的衣着风格。线在服装上是普遍存在的，服装的廓型就是由肩线、腰围线和侧缝线等结构线组合而成，是服装中典型的线构成形。

图 5-21 造型线

服装在缝合前是以裁片的形式存在，而裁片是以各种线的形式表现出来，这些线就是结构线或分割线。它们是顺应人体曲线特征塑造人体结构美的线条，如省道线、公主线、背缝线等都是塑造立体效果的重要线条（图 5-21）。

服装上除了不可缺少的结构线以外，还有形式美需要的各种装饰线。这些线条有时候出现在结构分割线的部位与之相结合，形成结构装饰线，常用于底边、袖口、门襟等处。装饰线可以出现在服装的任何部位，特别是当作纯粹的装饰性元素的时候，没有什么功能性。这类线条可以根据设计需要自由发挥，一般不太会受工艺的限制。

（二）*工艺线的运用*

服装上为审美需要常运用多种装饰线条。运用嵌条、镶拼、手绘、绣花、镶边等工艺手法以线的形式出现在服装上，往往可以在服装上起到装饰作用，体现服装的设计特点。运用不同的工艺手法在服装上形成线的感觉是服装设计中经常采用的手法，它可以丰富服装的造型，增强服装的设计美感，甚至会影响服装的风格。很多女装会在分割处或领子边缘拼接不同颜色或材质的布条，形成线性绣饰。如晚礼服，甚至是日常一些着装中出现的亮片、珍珠、人造宝石等缝缀各种线的形状，其形式自由活泼而又富有韵律感。很多职业装中的分割线或接缝处用与衣身同色系不同材质或纹理的面料进行条状拼接。还有些服装上采用明缉线，线的颜色与服装色彩形成对比，非常醒目，起到装饰作用（图5-22）。

服装上工艺线条的种类非常多，但是要掌握各种线条的特点以及形式，再对各种工艺特色有所了解，就可以在自己的设计中运用自如，创造出各具特色的服装形式。

褶裥线常用在裙装、礼服设计中，随着褶裥的大小、深度、疏密等变化形成丰富的视觉表现形态。随着装者的运动，褶裥会打开或闭合，使裙摆产生律动感。无论是细碎的褶皱纹理还是波浪般的起伏线，都能表现出曲线造型的柔美、轻盈、富有韵律和动感的艺术魅力。还有许多条纹图案的服装，也会随着条纹方向的变化和条纹数量的增减，使着装者显高或显胖。

图 5-22　工艺线（滚边、嵌条、缉线、褶裥）

（三）饰品

服装设计中线的运用还表现在服饰品上，主要有项链、手链、臂饰、挂饰、腰带、围巾、包带等，不同风格的服装要搭配与之相匹配的色彩、材料和形状的饰品。

线形饰品体现出流动、飘逸之感，能与面产生对比和互补，丰富服装造型。例如夏奈儿的设计中，珍珠项链是服装中常用到的配饰品之一，可体现出服装优雅的风格。常见的还有连衣裙上系一条腰带，块面被分割，层次感也增强。在款式简单的衬衣和牛仔裤的搭配中，在衬衣上搭配一条细长的丝巾，会打破原有形式上的单调感，使服装别致而醒目（图5-23）。

图 5-23　饰品类线（项链、腰带、围巾）

知识点导入

　　线条体现服装风格，不同时期的服装，不同设计师的服装作品，在服装线条的处理上总是各具特色，显示出多变的风格。

　　古希腊人的服装通过自由褶裥的形式产生了许多垂直线条，给人一种长度增高、向上运动的感觉，使人们穿着后身体显得修长（图5-24）。

　　西班牙菲力浦（Philips）四世时期的宫廷贵族装与公主裙装的造型，使用许多横向线条和大曲线，给人以力度与坚实感，以显示皇族的权利和地位，体现出一种庞大而奢华的风格（图5-25）。

　　有"时装帝王"之称的法国时装设计师克里斯汀·迪奥率先推出了著名的郁金香线条、喇叭线条，其优雅、秀美的风格在服装界影响极广（图5-26）。

　　成功地把握和运用好服装造型中的各种线，能有助于完美地体现服装的设计风格。

图5-24　古希腊女子服装

图5-25　西班牙宫廷装

图5-26　迪奥新样式

第三节　面

一、面的性质与作用

（一）面的定义

面是线的连续运动轨迹，是有一定长度、宽度的二维空间。

（二）面的特性

面有长度及宽度，面在空间中占据一定的位置，具有二维空间的性质。

服装中的面，具有一定的位置、一定的长度和宽度，同时是可以被制作出来。面是服装的主体，是最强烈和最具量感的一个元素。

面的作用主要与它的形状有关。面根据线构成的形态分为方形、圆形、三角形、多边形以及不规则形等，正三角形具有稳定庄重感；倒三角形富于刺激感；不规则形具有随意活泼的感觉。

（三）不同形状面的特点

面的形态各异，可以归纳为平面和曲面。平面可以借助绘图仪器绘制，如方形、圆形、三角形等诸多几何面，具有简洁明快，井然有序的美感。曲面是以各种几何曲线方式构成的面，有规则和不规则之分，规则曲面包括柱形面、球形面、锥形面等，不规则曲面是指各种由直线和曲线构成的自由形式的曲面形。有机形面是指自然形态中的曲面形。不规则形面随机性强，具有意想不到、不能控制的结果，如溅色、撕纸等，视觉效果轻松、随意、自然。

1. 平面

平面主要包括正方形、三角形和圆形，至于平行四边形、梯形等都是在正方形的基础上变化而来的。

（1）方形：方形有正方形与长方形两类，由水平线和垂直线组合而成，具有稳定、牢固、严肃感。在基础平面中，正方形是最客观的形态，具有稳定的均衡性。正方形最能强调垂直线与水平线的效果，它能呈现出一种安定的秩序感，在心理上具有简洁、安定、井然有序的感觉，它是男性性格的特征。

（2）三角形：三角形由直线和斜线组成。与正方形相比，三角形的构造、方向、均衡具有更复杂的性格。底边和高的关系表现为水平线与垂直线的关系。

①三角形的底边被拉长，高度较低时，给人一种稳定、笨重和扎实的感觉。这样的造型出现在服装当中时，给人以可爱、憨态可掬的感觉，适合用于女装和童装。

②三角形的底边变短，高度增加时，有一种尖锐、向上的感觉。这样的造型用于服装当中，给人以时尚、修长的感觉。

③三角形的底边在上，会有一种不稳定的感觉，就好像锥体在开凿，给人力度感，适合用于男装造型。

（3）圆形：圆形可以分割成许多不同角度的弧线，富于变化，有滚动、轻快、丰满、圆润之感。圆形是单纯的曲线围成的面，是最具有稳定和静止感觉的平面形态。正圆形过于完美，则有呆板、缺少变化的缺陷；椭圆形，则呈现有变化的几何线形，较正圆形更富有美感；当两个以上的圆形组合在一起，由于排列方式不同，会有不同的视觉效果；如三个大小不同的圆依次排列在一起，会有由近到远透视的感觉；同心圆，圆心给人收缩的感觉，使人的注意力汇聚成一点。

（4）自由形：自由形的面形成过程中充满了偶然性和不确定的因素。自由形可由任意的

线组成，形式变化不受限制，具有明快、
活泼、随意之感。自由形的面能较充分
地体现出设计者的个性，所以是最能引
起人们兴趣的造型，它是女性特征的典
型。在心理上可产生优雅、魅力、柔软
和带有人情味的温暖感（图5-27）。

2. 曲面

曲面是通过线的运动构成的面。直
线运动构成单曲面，如圆锥形、圆筒形的
表面等；曲线运动构成复曲面，如球面、
椭球表面等（图5-28）。

图5-27 服装上自由形的面　　图5-28 服装中的曲面

二、*服装设计中面的运用*

服装上的面通过具体的裁片、零部件、装饰图案、服饰配件、
平面分割等体现出来，各种面在服装空间造型的组合与构成上或反
复，或渐变，或形成富有节奏的对比变化。

图5-29 裁片形成的面

（一）*服装设计中构成面的形式*

1. *服装裁片形成的面*

服装在成形前是由多个裁片组成，这些裁片都可以看成单独的
面，如前片、后片等，大部分服装都是由这些面组合成立体造型。
服装的裁片是由不同面积、形状、材料、多种色彩搭配而成（图
5-29），具有非常丰富的层次感和韵律感，这在民族风格的服装中
最为明显。

2. *服装零部件形成的面*

服装上的零部件如贴袋、领子、衣袖等都是面，它们在服装上
除了体现功能性以外，还具有一定的装饰作用，如披肩领、坦领、
大贴袋等。局部的面造型在与服装整体相协调时，通过形状、色彩、
材料以及比例的变化，会形成不同的视觉效果，是对服装整体造型
的补充和丰富，如图5-30所示，大面积堆叠效果的衣领和门襟并
使用黑色欧根纱，对服装起到了装饰美化的作用。

3. *大面积的装饰图案形成的面*

图案设计可以体现出服装的美，服装上大面积的装饰图案往往

图5-30 零部件形成的面
（门襟、衣领）

会成为一件服装的特色，形成视觉中心。有效地增加服装的可视性。造型简单的服装可选择相对色彩丰富、结构层次灵活的图案来衬托，服装造型复杂则相反。装饰图案的形成依靠很多不同的方式，因此视觉效果也是极为丰富（图5-31）。大面积的使用，使得整体感突出，造型利落，结构简单。

4. 服饰品形成的面

在服装中，面造型的服饰品主要有披肩式围巾等。在一些前卫创意的服装中，饰品可以以夸张的形式出现，同时具有强烈的面的感觉。相对于服装整体搭配，帽子可以当作点或体的要素，但是，如图5-32所示，这样的大帽檐的帽子也可理解为面造型。特别是一些创意服装，帽子可能会很夸张，具有极强的面造型感。

5. 工艺手法形成的面

用工艺手法产生面造型主要有两种方式：一是对面料的部分进行再创造；二是在面料上缝珠片、绳带等，经过排列组合形成的面，如图5-33所示的服装前片以缝缀的方法进行装饰，形成的面即为工艺手法形成的面。

图5-31　装饰图案的面

图5-32　服饰品的面

（二）服装设计中面的运用

1. 方形面在设计中的运用

方形面在设计男装中使用很广泛。西装、中山装、夹克衫等男装，从外轮廓线、肩部装接线到口袋，多以直线与方形面组合构成，给人以庄重、平稳之感，能较好地体现男性气质。方形在女装中也不乏使用的例子，如巴黎时装表演首次发表的"蒙德里安"图案短裙即是采用方形设计的造型（图5-34）。一款简洁的长方形贯头式连衣裙，图案运用蒙德里安的图案色彩，以不同比例的方形和鲜艳对比的原色组成图案。这种大胆、新颖的设计，给人以极强烈的视觉印象。

图5-33　工艺手法的面

2. 圆形面在设计中的运用

圆形面在设计女装中采用较多，如泡泡袖、圆摆裙、吊钟形裙，局部造型如加强调肩部的插肩袖、圆浑丰满的大圆领、圆形的衣袋与衣摆等。服装设计中圆形面的使用让服装显得更为柔和、娇美，适宜于女性的气质。

3. 三角形面在设计中的运用

三角形面在现代服装设计中被重视，尤其是前卫派的设计师们将

图5-34　蒙德里安图案短裙

建筑上的构成主义运用于服装中。他们把服装分割成若干个形状平面，如三角形、梯形、方形等，以不同的色彩予以区分，然后再行组合。带有尖锐角度的三角形和其他几何形作色块镶拼，或作为部件装饰设计，给人以强烈鲜明的感观印象（图5-35）。

第四节　体

图5-35　三角形设计

一、体的性质与作用

（一）体的定义

体是面的运动轨迹所形成，面的重叠同样可以形成体，体具有三维空间的概念。

（二）体的特性

体有方向、位置和厚度，同时，它有占据空间的作用。厚的体量有壮实感，薄的体量有轻盈感。体是具有一定长度、宽度和高度的三维空间型，体也被视为由具体的点、线、面综合构成的立体形态。

不同形态的体，具有不同的个性，从不同角度观察，体表现出不同的视觉形态。体是所有物象最为真切的表达形式，能够在空间中形成不同方向角度的变化样式，使物象的实体造型得到全面而客观的表达。

在现实世界中，任何物质都是以体的特征存在，体是由形态构成元素点、线、面在三维空间中单独或相互组合而形成。在体构成中，体要素单独构成具有单纯明快的审美特征。

由点构成的体中，点往往表现为块的形式，具有规则和不规则的造型变化。块是体感较强的体构成要素，独立占有三维空间，具有明显的体量感和相对的稳定性。另外，点与点之间的堆积也可以形成体造型。块与块的组构能够产生具有丰富表情特征的体。由线构成的体富有轻快、秩序和节奏的美感，但应防止出现单薄、分散的感觉。

不同材料、不同形态的线以不同的方式排列组合，形成姿态各异的体造型。用线经过缠绕、编织、缝缀等工艺手法也可以产生服装中的体造型。

通常情况下服装大多是以面为主形成的体构成，面料与构成方式决定了服装的外在形式和内在结构特征。以面的形式构成体造型主要有：面的移动和面的重叠形成体、面的折叠形成体、面的卷曲形成体、面的合拢形成体、面与面的嵌入形成体。

对点、线、面进行工艺处理时，结合材料的外在条件和内部结构，也可以构成形态各异的体造型。另外，对服装的面料进行再创造，也可以形成体造型。值得注意的是，构成体形态的前提是必须对各种形态元素的特征有所了解，以便巧妙地利用它们进行艺术设计与创造。

二、服装设计中体的运用

在服装中，体的造型感，是指服装衣身的体积感强，有较大的零部件明显突出整体，或局部处理凹凸感明显的服装。体造型这种造型方式，使得服装显得很有分量，给人以强烈的视觉冲击力。同时，服装的"空间感"是通过体造型的体感表现的。体作为服装中的基本造型要素，可以表现为衣身、零部件和服饰品。在塑造服装体造型时，可以通过翻转、折叠、系结、堆叠、缝缀等制作方式，将面料进行层叠、堆积、打褶，或使用填充物、撑垫物作为造型辅助，还可使用不同的连接、切割、搭接、穿插等手段以形成服装的各种造型变化，如图5-36所示。

图 5-36　体造型服装

1. 衣身

在服装中，膨体的衣身、裙体都能形成体造型。尤其是表演类服装、创意类服装、晚礼服和婚纱等，体造型都非常需要。除这些特殊场合的需要外，生活中的冬装，本身就是出于功能性的需要而进行体造型，如有填充物的棉衣、羽绒服和面料蓬松厚实的裘皮大衣等，如图5-37中是裙身撑垫的礼服和面料厚实的皮草类服装。因为造型的原因，这种服装通常工艺都比较烦琐。

图 5-37　体造型衣身

2. 零部件

服装中，较大的零部件设计，也会有非常强烈的体积感。如图5-38所示，层层叠叠的波浪领和造型感强的膨体衣袖。为使零部件达到体造型，除需要尽量选用塑形效果好、容易定型的面料外，其制作工艺也相对复杂，需要

图 5-38　体造型衣领、袖子

精湛的制作技巧，面与面、体与体的接合转折要经过精心缝制，较多地使用立体裁剪方式。

3. 服饰品

体积感比较强的服饰品，也会使服装形成体造型，如包袋、帽子、手套等（图5-39）。

图 5-39 体造型的服饰品

第五节 造型要素的实践应用

实践训练

运用点、线、面、体其中的一或两个造型要素设计一款服装并绘制效果图。

训练 1

如图 5-40 所示，此款服装是以点造型作为设计元素进行的设计。玫瑰花图案作为点元素，图案布局采用了不规则、自由、随意的排列方式，将玫瑰花散落在全身，使服装整体具有洒脱、自然、不拘谨的特点。

训练 2

如图 5-41 所示，此款服装是以线为造型要素进行设计。上衣的横条纹采用的是水平线，它使服装有横向延伸的视觉效果，因此上衣看起来更加宽松，这与短小紧身的短裤形成了对比，使服装具有视觉冲击力。宽条纹的设计体现了粗直线厚重、有力的感觉。服装的整体效果呈现出运动感和张力。

图 5-40 点元素　　　　图 5-41 线元素

训练 3

如图 5-42 所示，此款服装的设计运用了面造型要素。衣身、口袋的设计均采用了方形的面元素。方形具有简洁、稳定的感觉，和男性的性格特征。整套服装体现出休闲、简洁大方和中性的特点。构成面元素的材料有厚实奢华的皮草，粗糙朴实的牛仔布和柔软的针织面料，多种面料的组合，使服装具有丰富的视觉效果。

训练 4

如图 5-43 所示，此款服装以中国古代建筑中的窗框为设计灵感，在服装的设计与制作中注重体元素的运用。首先制作出基本款的修身连衣裙，再将面料做成细小的圆筒，穿入铁丝，将铁丝编结出窗框形状，对服装的肩部、前胸和下摆进行装饰。另外将面料进行皱缩处理装饰在裙身上，增加面料的体积感和肌理感。完成后的服装体现出强烈的立体感。

训练 5

如图 5-44 所示，此款服装以树枝和土地龟裂纹为灵感进行设计。用布条缠裹铁丝，在服装上编结出树枝的造型，树枝蜿蜒上升的姿态是线的表现，具有轻松、向上的感觉。又将面料剪成不规则的小裁片，缝缀在服装上，形成龟裂纹。裙身采用蓬体的造型并进行叠褶处理，增加了服装的体积感。服装很好地结合运用了点、线、面、体造型要素，整体造型感强。

图 5-42　面元素　　　　图 5-43　体造型服装　　　　图 5-44　线、体造型服装

本章小结

● 服装设计属于视觉艺术范畴，点、线、面、体是服装款式造型设计的基本要素，也是服装设计的基本元素。

● 服装中点的大小、位置、形态、排列方式以及聚散变化，体现在服装图案、饰品、辅料的运用上，产生了丰富的服装构成样式。

● 线在服装上主要通过造型线、工艺手法和服饰品等表现。在服装设计时，通过线的重复、交叉、放射、扭转和渐变等构成形式，表现服装造型流动、起伏、伸展的空间关系以及疏密、虚实、变化的美感形式。

● 服装上的面通过具体的裁片结构、零部件、装饰图案、服饰配件、平面分割等体现出来，各面形在服装空间造型的组合与构成上或反复，或渐变，或形成富有节奏的对比变化。

● 服装中的体通过衣身、零部件和服饰品来表现。在塑造服装体造型时，可以通过翻转、折叠、系结、堆叠、缝缀等制作方式，将面料进行层叠、堆积、打褶，或使用填充物、撑垫物作为造型辅助，还可使用不同的连接、切割、搭接、穿插等手段以形成服装的各种造型变化。

思考题

1. 点、线、面、体作为造型要素可以表现在服装的哪些部分？

2. 点作为图案设计在服装正中和服装边缘位置时具有怎样不同的特点？

3. 直线和曲线在服装中分别具有怎样的视觉效果？

4. 服装中，各种几何形状的面分别带给人怎样的视觉效果？

5. 通过哪些方法可以塑造出服装中的体造型？

练习题

1. 运用点造型要素设计一款服装并绘制效果图。要求：

（1）设计一种或几种点造型要素的形状。

（2）对此点元素的排列和布局进行设计。

（3）选择表现点元素的材质和工艺手法。

（4）绘制效果图。

（5）写明设计构思。

2. 运用线造型要素设计一款服装并绘制效果图。要求：

（1）选择一种或几种表现线造型要素。

（2）线元素对服装进行分割设计以达到美化服装和人体的效果。

（3）绘制效果图。

（4）写明设计构思。

3. 运用面造型要素设计一款服装并绘制效果图。要求：

（1）以一种或几种工艺方法表现面造型要素。

（2）绘制效果图。

（3）写明设计构思。

4. 运用体造型要素设计一款服装并绘制效果图。要求：

（1）设计一款服装，使服装具有造型感和体积感。

（2）绘制效果图。

（3）写明设计构思。

第六章
服装构成的形式美法则

课程名称：服装构成的形式美法则

课程内容：八种形式美法则

　　　　　形式美法则的实践应用

课程时间：8 课时

教学目的：通过对形式美法则理论的学习，使学生了解形式美法则的概念，使学
　　　　　生具备运用形式美法则进行服装设计的能力，为设计服装奠定基础。

教学要求：1. 使学生了解形式美法则的内容和概念。

　　　　　2. 使学生掌握形式美法则在服装设计中的应用。

课前准备：阅读相关服装设计书籍。

任何艺术设计作品都离不开形式美，失去形式美就缺失了艺术感染力。所谓美是造型要素的变化和统一，变化中的秩序性是美的重要条件。古希腊的哲学家与美学家认为，美是形式，倾向于把形式作为美与艺术的本质。毕达哥拉斯（Pythagoras）学派、柏拉图和亚里士多德认为，形式是万物的本源，因而也是美的本源。当把美的内容和目的除外，只研究美的形式的原理，称为"美的形式原理"。

形式美的法则是人们通过长期对自然事物的观察，从中分析总结出的能使人的视觉产生愉悦美感的因素，并提炼出具有代表性的形式和规律，把它作为审美的基本准则。它是人们在认识自然美的过程中对美的概括和审美意识的积淀。

服装构成的形式美法则，从总体上说，有比例、平衡、旋律、对比、反复与交替、协调、统一和强调这八种。

第一节　比例

比例是指事物的整体与部分、部分与部分之间存在的数量配比关系，是由长短、大小、轻重、质量之差产生的平衡关系。比例是服装中最常用的形式美原理，服装上到处可见比例美的存在。

匀称的人体比例是美的，作为人体的第二层皮肤——服装也应适合人体各部位结构的比例。如衣领、衣袖与衣身之间的尺寸、形态比例，衣袋、纽扣与整件服装之间的形状、大小比例等均需适当把握。

服装的比例还须顾及穿衣人的身材。穿衣者高矮胖瘦各异，不都是标准的体型。为了补偿某些形体比例中的缺憾，可通过衣服比例的变化予以调节。

服装美学中的比例关系通常有三种形式：黄金比例、渐变比例和无规则比例。

一、黄金比例

黄金比例来自古希腊，当时人们用几何学的方法建造了带有比例美感的神秘宫殿。此种方式的原理就是把一条线段分成几部分，使其中一部分与全长的比例接近 1：1.618。这一比值能够引起人们的视觉美感，被认为是建筑和艺术中最理想的比例。女性腰身以下的长度平均只占身高的 0.58，古希腊著名的雕像断臂维纳斯（Venus）及太阳神阿波罗（Apollo）都通过延长双腿，使腿长与身高的比值为 0.618，黄金比例令人适体悦目。黄金分割比例运用到人体上，是将全身长定为 8 个头长，人体合乎比例的完美比例是以腰部按黄金比例分截。

服装的长度比例是以 3：5，5：8 为最佳。相等的比例没有主次，感觉平淡，过于悬殊的比例又会产生不稳定感，而黄金比例令人适体悦目。因此，凡由两件组合而成的服装，应注意两者在长度上的恰当比例。黄金比例是运用最普遍、视觉效果最理想的比例形式。如图 6-1 所示，上装与下装的分割在人体的腰部，比例的分配达到黄金分割，因此这样的比例产生美感。

二、渐变比例

渐变是指某种形态按照一定的配比关系或特定的规律递增或递减。特定的规律比较明显，如从大到小、由浅到深、同色的明度和纯度变化、由疏到密等。当变化按一定的秩序，形成一种协调感和统一感时，就会自然地产生美感。这种规则性的渐变类似于节奏。如图 6-2 所示，礼服的颜色由上至下逐渐变深，即为色彩的规则渐变。

图 6-1 黄金比例

完全规则的渐变是根据一定的数列进行，如"费波纳奇"数列，"百分比"数列，"日本比例"数列等。

（一）"费波那奇"数列

费波那奇数列是在黄金比例的基础上得出的，为了避免黄金分割比例中出现小数点这种不便于使用的情况，就取有效整数排列数列，按数列 0、1、1、2、3、5、8、13、21、34……排列。这个数列的每一项是前面两项之和，除了有可循的规律，还因为它的比值与黄金比例的比值近似，在服装设计中，这种比例显得柔和而富有节奏感，常用于多层次服装的长度或内部装饰的布局。如图 6-3 所示的这款服装腰节高：上身长：下身长：全身长 = 1：2：3：5，可以达到费波那奇数列比例。

图 6-2 渐变比例

（二）"百分比"数列

百分比多用于自然科学研究，在服装上采用是因为它直观，方便，如背长占衣长的百分数，分割线或装饰线占衣长的百分数等。

（三）"日本比例"数列

在日本，是按 1：3：5：7：9 这种等差数列求得比例，称为

图 6-3 "费波那奇"数列

日本比例。这是一种整数渐进比例，所以比较简明。日本比例是由整数加算得到，所以最初的渐进比较大，随着数值的增大，渐进比是在减小。图 6-4 所示的服装，装饰与装饰的距离是等比变大的，符合日本比例。

渐变在服装设计中的运用具有非常优美而平稳的效果，因为是逐渐变化，所以一般不会给人突兀的感觉，感觉一切都是自然而然进行。运用色彩渐变形成层次感是服装设计中经常用到的，也是表现渐变较为明显的手法。造型元素按大小、强弱、轻重等变化都会形成渐变。

渐变可以用在单件服装的设计中，还可以用在系列服装的设计中。这种服装间的协调主要是从款式和色彩方面进行，如相同或相似的服装廓型，或者将服装的细节设计逐渐进行相互关联的加法或减法设计，还有就是服装外轮廓本身的长短变化等。系列服装的色彩渐变主要是指系列单品之间的色彩呈现逐渐变化的情况。

渐变比例由于是逐渐而有规律地不断变化，因而显得柔和而有节奏。服装的渐变比例应按照服装的造型特性与功能而选择决定，不能拘泥于某一数列。

图 6-4 "日本比例"数列

三、无规则比例

无规则比例是对事物的本质特征进行变化，这种变化没有规律可以遵循，只是强调了感觉和视觉上的渐变性。如色彩的不规则变化、款式的对比、材料的无规律渐变和过渡，抽象和具象的渐变等，如图 6-5 所示，服装的色彩与款式设计即为不规则的渐变。

近年来，服装常受到现代艺术潮流的影响，追求款式新颖奇特，以产生刺激感和新潮感。因此在服装的比例上不受规则局限，而以打破常规的、较为悬殊的比例组合。

比例是服装中最常用的形式美原理，在多件服装搭配中，比例可以用来确定服装内外造型各部分的数量、位置关系；服装的上装长与下装长的比例以及服装与服饰品的搭配比例。在单件服装的设计中，比例用来确定多层次服装各层次之间的长度比例、服装上分割线的位置、整体与局部之间的配比、局部与局部之间的配比等。除了服装本身的比例协调关系，比例还用于服装与人体裸露部分的比例关系。

图 6-5 无规则比例设计

第二节 平衡

平衡指物质重量上的平均计量，天平的平衡状态是最初所了解的平衡状态，它是计量平均分量的基础。平衡是指对立的各方在数量上或质量上相等或相抵后呈现的一种静止的状态。在造型艺术上，平衡的概念被丰富了许多，不只是力学上的重量关系，而是包括了感觉上的大小、轻重、明暗以及质感的均衡状态。例如，整体中的不同部分或不同因素的组合形式，如果给人以平稳、安定的感受，那么这种组合形式为平衡。

在服装设计中，平衡是指构成服装的各个基本要素之间，形成既对立又统一的空间关系，形成一种视觉上和心理上的安全感和平稳感。在色彩搭配、面积和体积配比方面，平衡有着很重要的应用。平衡具有端正、安定和庄重的特性。平衡包括对称式平衡和非对称式平衡。

一、对称式平衡

对称式平衡是在一个中心点的四周或一条中轴线的两侧，将造型因素进行同形、同量、同色的配置，这是一种绝对平衡的形式。

对称是指图形相对某个基准，做镜像变换，图形上的所有点都在以基准为对称轴的另一侧的相对位置有对应的对称点。自然界中对称的现象不胜枚举，人的体型则是左右对称的典型，在我国的传统文化艺术中也有很多对称式平衡的作品（图6-6）。对称是造型设计中简单的平衡形式，尤其在服装中，采用对称的形式很多，因为人体的结构是基本对称的，身着对称形式的服装，给人的感觉最自然最舒适，给人心理上一种平衡感。

图6-6 传统文化艺术中对称平衡形式的应用

对称式平衡有三种形态，单轴对称、多轴对称、旋转对称。

（一）单轴对称

单轴对称是以一根轴线为基准，在其两侧进行造型因素的对称配置如图6-7所示，图6-8示出了单轴对称在服装设计中的运用。

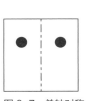
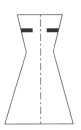

图6-7 单轴对称

图 6-8　单轴对称在服装中的运用

图 6-9　多轴对称

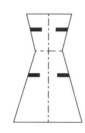

图 6-10　多轴对称在服装中的运用

（二）多轴对称

　　多轴对称是以两根或两根以上的轴为基准，分别进行造型因素的对称配置如图 6-9 所示，图 6-10 示出了多轴对称在服装设计中的运用。

（三）旋转对称

　　旋转对称也称为点对称，是在点的两个方向增加形状相同、方向相反的两个或两个以上元素，形成旋转对称的形式。如图 6-11 所示，中点两边的心形就是形状相同而方向相反的两个元素。这种旋转对称形式在服装设计中运用，使服装更加有动感，如图 6-12 所示中两款服装的图案和款式设计分别应用了旋转对称的方法。

　　上述三种对称形态中，单轴对称比较单纯、呆板；多轴对称则增加了变化与动感；旋转对称较为别致，具有较强的运动感。

图 6-11　旋转对称

图 6-12　旋转对称在服装中运用

二、非对称式平衡（均衡）

非对称式平衡也称为均衡，是将造型因素进行不对称的配置，并在一定范围内使其结构形态获得视觉与心理上的平衡。这种平衡是以不失重心为原则，达到形态总体的均衡。

与对称相比，均衡在空间、数量、间隔、距离等要素上都没有等量关系，它是一种在大小、长短、多少和强弱等对立的要素间寻求平衡的方式，是指在均衡中心两边达到视觉上的平衡。均衡的实际意义就是在不对称中由相互补充的微妙变化形成一种稳定感和平衡感。

服装中的非对称式设计常有运用，既有局部的非对称点缀，也有总体上的完全不对称造型。在很多不对称服装当中，服装两侧的外轮廓造型、内部分割并不完全相同，材料和色彩往往也不相同，为了使服装造型和材料上有视觉上的呼应效果，就要用均衡原则来配比。例如，对左右两侧不同数量和造型的图案进行不对称设计时，对图案的布局进行均衡设计，使服装达到不对称的平衡效果（图6-13）。

现代时装设计追求个性化和趣味性，因而常采用非对称式平衡的形式，使轮廓造型或局部装饰不落俗套，例如，女装夜礼服常袒露一边的肩部，另一边则装饰花朵与羽毛。图6-14为川久保玲设计的两款服装，裙子的衣领、门襟和下摆的设计应用了非对称的平衡手法。

在服装设计中，平衡多用在不对称服装的外轮廓造型设计、内部分割或镶拼以及上下装的平衡设计中。如图6-15所示，迪奥的这款礼服运用了均衡的设计手法，如在裙身左右两边各设计一个开衩和花型，这款衣服会显得非常死板，单侧的开衩具有不对称、别致的效果。玫红色的裙装领口处和下摆开衩处，透出了内搭的绿色，这组对比色形成了强烈的反差，而这两个开衩设计起到了呼应效果，使全身的设计产生了均衡感。

图6-13 利用装饰手段达到均衡的效果

图6-14 川久保玲服装

图6-15 运用均衡设计的服装

第三节　旋律

旋律本是音乐术语，指的是乐音经过艺术构思而形成的有组织、有节奏的和谐声音。作为造型艺术的服装设计，借用旋律这一术语，是指服装造型中点、线、面、体等诸多因素经过精心设计而形成的一种具有节奏韵律变化的美感。

一、如何认识旋律

旋律变化的关键，在于造型因素的重复，以及这种重复的合理使用。

二、旋律产生的条件

（1）运动的迹象中有旋律。
（2）具备成长感的事物中有旋律。
（3）持续运动的事物中有旋律。

三、旋律的种类及其效果

旋律是由重复、目光的引导生成，若引诱目光的点、线变化，则旋律也就产生多种多样的效果。如音乐中的进行曲、华尔兹舞曲的旋律，是由音的连续、反复变化带来的。

图 6-16　重复旋律在服装设计中的运用

（一）重复旋律

在造型设计中，同一要素、同一间隔、同一强度通过重复产生的有规律的旋律称为重复旋律。旋律的重复变化有三种：有规律的重复、无规律的重复和等级性的重复。图 6-16 是范思哲的礼服，它的下摆的设计就是使用了重复旋律的方法。

（二）流动旋律

流动旋律是指虽然没有规律，但是连续变化中能感到流动感的旋律。流动旋律具有强弱、抑扬、轻重等变化，是一种不能随意控制的自由旋律。图 6-17 的礼服装饰造型如波浪般自然悠扬，是流动旋律在服装设计中的运用。

图 6-17　流动旋律在服装设计中的运用

（三）层次旋律

层次旋律是按照等比、等差关系形成，通过层次渐近、层次渐减、层次递进，形成一种柔和、流畅的旋律效果。如图 6-18 所示的夏奈儿这款服装，裙身上的黑色图案就是自上而下逐渐变大，符合层次递进的关系。

（四）放射旋律

放射旋律是由中心向外展开的旋律，由内向外看有离心性，由外向内看有向心性。视觉中心往往也是一个很重要的设计中心。如图 6-19 所示，袖子的设计是从袖口到袖山的造型中圆形半径逐渐变大，使用了放射旋律的方法。

（五）过渡旋律

过渡原本也是音乐术语，又称为转调。在音乐中，由 C 大调变成 F 小调，给我们柳暗花明的感觉，如果自始至终都是一个调子，会给人枯燥无味的感觉，但如果突然改变调子又会给人突兀的感觉，所以音乐中的过渡调就起到一个很好的衔接作用，它既可以表现出旋律的统一，又可以使旋律表现出变化。如图 6-20 所示，兰玉的这款服装为不对称结构，上衣一边是柔和的蕾丝，一边是具有反光感的缎料，两种材料反差很大，在缎料的边缘用刺绣进行处理，刺绣的图案与蕾丝相同，起到了很好的过渡作用。服装下摆具有悬垂感，走路的时候会有律动感和旋律感。因此这款服装很好地运用了过渡旋律的方法。

四、旋律在服装设计中的运用

在服装设计中，重复旋律的运用往往出现在图案、纽扣排列和服装造型设计上，当某一元素重复出现得越多，旋律感则越强。

（一）重复旋律、流动旋律在服装设计中的运用

流动旋律通常以波浪褶或曲线分割线的形式出现在服装设计中，另外，服装会随着人体的运动而产生波动，在宽松肥大的服装上表现尤为明显，衣服的自然皱褶和裙摆的自然摆动就会产生流动旋律。如图 6-21 中裙身的皱褶是重复旋律与流动旋律的结合应用。材料较轻薄时，旋律感会更加明显。面料的悬垂性与飘逸感也是流动旋律很好的表

图 6-18　层次旋律在服装设计中的运用

图 6-19　放射旋律在服装设计中的运用

图 6-20　过渡旋律在服装设计中的运用

现（图6-22）。服装的叠领、褶边等都是运
用这种流动旋律来表现随性的效果。

（二）层次旋律在服装设计中的运用

层次旋律在服装上的应用往往比较直观，
如层层重叠的裁片、多重拼接，或者不同服装
材料有规则的镶拼或重叠，或是服装外形的层
次变化等。图6-23的两款服装为重复旋律、
流动旋律与层次旋律的结合应用。

（三）放射旋律在服装设计中的运用

放射旋律一般出现在裙装裙身的造型上，
如裙装中的伞形褶裙、喇叭裙以及放射性皱褶
等。以脖子、肩部、腰围、手臂、脚踝等人体
上的任意部位向外展开的设计大都呈放射状。
除此之外，依靠工艺和装饰方法在服装上塑造
放射形皱褶也是比较常见，在礼服和表演性服
装的设计中，最为明显（图6-24）。

（四）过渡旋律在服装设计中的运用

过渡旋律使组成服装的各个部分不会产生
强烈的冲突感，通过中间色或过渡造型进行自
然衔接、相互融洽，使得有明显特征的两部分
或几部分服装在视觉上协调。

此外，还应考虑上述各种组合在不同体型
的穿着者身上，随着动态的变化，是否能显示
预期的效果。因此，在运用旋律变化这一形式
时，必须用心思考，巧妙安排，以取得独特的
韵律美感。

图6-21 重复旋律和流动旋律结合的应用

图6-22 流动旋律的应用

图6-23 重复旋律、流动旋律与层次旋律的结合应用

图6-24 放射旋律的应用

第四节 对比

对比是指形、质和量相反或极不相同的要素排列在一起。服装中的对比关系主要包括色彩对比、款式对比和材料对比。将对比的方法运用到服装设计中，通过增强对比元素的特征，在视觉上形成强烈刺激，给人以特点鲜明、明朗、活泼的感觉，增强服装的设计感，但是，对比元素如果过于强烈，而缺乏统一感，就会不协调，所以一定要在统一的前提下追求对比变化。

对比是两种事物对峙时形成的一种直观效果。对于服装设计对比的运用主要表现为如下方面：

一、色彩的对比

在服装色彩的配置中，利用色相（冷色与暖色并置）、明度（亮色与暗色并置）、纯度（灰色与纯色并置）和色彩的形态、面积、位置、空间处理形成对比关系。

色彩对比在童装、少女装、运动装和民族服装中经常运用，可以加强视觉上的明快感和运动感，激起人的兴奋度，使设计具有强烈的震撼力。色彩对比的实际运用中，不仅要考虑色彩本身的因素，还要考虑运用色彩的面积搭配。

色彩对比是指各种色彩在构图中的对比，可以包括同类色对比、邻近色对比、对比色对比和互补色对比等。如图6-25所示，郭培设计的这款礼服，在紫色的裙子上用金色做装饰，两种颜色形成强烈的对比。

图6-25 色彩对比的应用

二、款式的对比

在服装设计中，款式的对比是服装形态大小、长短（上长下短或下长上短）的对比；服装款式繁简、松紧（上松下紧或下松上紧）的对比；服装款式曲直（上为曲线构成下为直线构成或相反）的对比；服装造型动与静、凸型与凹型设计的对比等。服装款式的对比可构成新颖、别致的视觉美感。

三、造型的对比

服装造型对比是指造型元素在服装廓型或结构细节设计中形成对比，这种对比既可以出现在单件服装中也可以是一系列服装中的相关对比。造型对比运用在服装设计中，可以起到强化设计的作用。服装廓型上宽松和紧身的对比、外轮廓形状的对比、直线造型与曲线造型的对比、大与小的面积对比、简洁与繁复的风格之间的对比等，都是我们看到的对比运用。这些对比要素之间的相互作用、协调，使服装造型具有强烈的视觉冲击力。图 6-26 为迪奥的礼服，上半身与裙身的廓型为 H 型与 O 型的对比，上身羽毛装饰的曲线与裙身褶皱的直线形成对比。

图 6-26 造型对比的应用

四、面料质感的对比

面料质感的对比利用服装面料质感的粗犷与细腻、硬挺与柔软、厚实与轻薄、沉稳与飘逸、平整与褶皱等的对比，能使各自的个性特征更加突出，在选择中产生强烈对比的视觉效果。

在服装上运用性能和风格差异很大的面料来形成的对比，无论是在视觉，还是在手感上都有一种刺激效果。图 6-27 所示的裙子里外两层使用了不同的两种面料，外层的面料具有通透感可以透出里层的面料，而里层的面料具有很好的塑形性，使整款服装具有 X 型（内层的廓型）的性感，也有 A 型（外层的廓型）的可爱。

图 6-27 面料的对比

第五节　反复与交替

同一个要素重复出现就成为一种强调对象的手段，反复既要使一个要素保持一定的变化和联系，又要注意使要素之间保持适当的距离，这样可以使重复的元素不过于统一，还可以使元素间紧密相连。把两种以上的要素轮流反复，称为交替，交替是成组的反复。比较常见的，如染织品的纹样、印花图案、室内装潢用的壁纸（图 6-28）等。

反复在服装设计中的应用，可以分为以下三种形式：

（1）同质同形的要素反复出现，会让人感觉缺乏变化，显得单调。

（2）同质异形的要素反复出现，会消除单调感，使画面富于变化，产生一种调和的美。

（3）异质异形的要素反复出现，往往会由于差异太大而显得混

图 6-28 反复与交替的应用

乱，缺乏统一感。

同质异形的要素反复出现在服装设计中，既不会使设计呆板，又会有丰富的视觉效果，也不会过于混乱。如图6-29所示，范思哲（Versace）的礼服中，反复运用心形装饰，心形通过镂空、缝缀、印花等不同工艺制作，使服装产生调和而丰富的视觉效果。

在服装设计中，反复与交替方法的应用，可以是图案、色彩、花纹的反复出现在服装的不同部位，也可以是基本造型或装饰元素的反复，如图6-30所示，图案与装饰的反复。造型元素在服装上反复与交替使用，会产生秩序感和统一感，如图6-31所示的缎带装饰方法使用反复手法，而色彩的更替又是交替的手法，因此，既有秩序感又有统一感，但是如果这种方式运用得不够熟练，例如，在设计中出现上述的第三种情况，过多的反复使用形状、质地、色彩差异太大的要素，就会造成整体服装的不协调，或者服装的某一部分被孤立地凸显出来，还有可能使得设计没有重点等。

图6-29 反复在服装设计中的运用　　图6-30 装饰的反复　　图6-31 缎带装饰的交替

第六节　协调

协调是事物中几个构成要素之间在质和量上均保持一种秩序和统一关系，这种状态称为协调。在服装设计中，协调主要是指各构成要素之间在形态上的统一和排列组合上的秩序感。

协调在音乐中是指为形成和声及两个以上音的调和音而产生的衔接音。在设计中为了使设计在保持其功能性的基础上具有艺术的美感，总是会用到两种或两种以上不同的设计元素，协调好这些元素，才不会造成视觉上的混乱。

服装设计中，各要素间需要有统一、和谐的整体效果，形状、色彩、材料间有类似或对比的元素，这些元素组合在一起要形成统一的效果，就需要采用协调的方法进行设计。

服装是立体的造型，其美感体现在各个角度和各个层面。因此，在服装的结构上如果缺乏一定的秩序感和统一性，就会影响应有的审美价值。服装造型中的调和常是通过以下方面来体现。

图6-32 色彩的类似协调

一、类似协调

类似协调是指具有类似特点的要素间的协调。由于类似要素间具有某种共同特点，相对其他对比要素还是比较容易协调。但是在进行类似协调的时候，不能一味地为追求共性而协调，这样会使服装过于单一，使得设计缺少视觉冲击力。图6-32为D&G的设计，上下装的材料分别为皮革与棉，在材料上各具特色，但其色彩均为咖色系，在色彩上做到类似协调。

二、对比协调

对比协调是指对立要素之间的协调。对立要素之间的差异很大，所以相比上面说到的类似协调，对比协调难度大些。如图6-33所示，迪奥的这套服装，内搭的上衣和短裤是光滑轻薄的丝绸面料，外穿的上衣是肌理感强、厚实的毛衣，两种面料对比强烈。从造型上看，外穿的上衣为大廓型、体积感强，而短裤修身合体，形成造型对比。这些对比元素差异较大。但是毛衣和短裤边缘都采用曲线设计，具有统一感。另外，毛衣下的内搭同短裤的材料相同。因此整套衣服看起来既有对比，又有协调的美感。

图6-33 对比协调

三、大小协调

大小协调是指将构成服装的各要素进行尺寸上的合理搭配。服装通常不是只由一种元素构成，所以不同元素之间的大小协调，肯定会存在问题。元素大小相互协调会使服装发生相应的变化。如图6-34所示，古琦（Gucci）的这款服装，印花图案中有老虎和花草两种元素，老虎表现出野性美，但如果只有老虎会觉得服

图6-34 大小协调

装缺少了少女的柔美，加入花草后图案具有了女性特征。如果老虎、花草尺寸都一样大，构图上就不好看，没有主次之分，因此老虎造型要大一些，花草要小一些，服装设计符合大小协调。

四、材料协调

材料协调是指根据设计风格、造型需要和材料特性来确定材料和质感。很多前卫设计中，会运用无论质感还是色彩对比都比较强烈的材料，形成一种视觉上的反差。如图 6-35 所示为古琦的设计，大衣的上身面料采用毛呢面料柔软厚实，下摆采用丝绸面料轻盈通透，材料对比强烈。两种面料色彩为蓝色和红色，也是对比色。这些对比的元素形成强烈的视觉反差，但这件衣服并没有带给我们不和谐的感觉。因为，在大衣面料上做水母造型的贴布绣，贴布绣选用丝绸面料，从大衣上身面料上延续到下摆处，起到很好的协调作用。

图 6-35 材料的协调

第七节　统一

统一是指调和整体与个体的关系，通过对个体的调整，使之更加融入整体，使整体产生秩序感。在艺术作品中，由于各种因素的综合作用，使形象变得丰富而有变化，但是这种变化必须要达到高度的统一，使其统一于一个中心或主体部分，这样才能构成一种有机整体的形式，变化中带有对比，统一中含有协调。

服装设计中，既要追求款式、材料、色彩的丰富变化，也要防止设计因素杂乱、堆积，缺乏统一。构成服装的部件如衣领、衣袖、口袋等除了相互间需要统一，它们与服装整体也需要统一，这样才会形成服装自身的整体美。当然服装本身与服饰品间也需要统一，如首饰、鞋帽、箱包、化妆、发型等与服装统一时，就会构成着装的整体美。

一、重复统一

在设计中将同一元素或具有相同性质的元素重复使用，这些元素在一个整体中很容易形成统一，这种统一就是重复统一。在服装的设计中经常运用重复统一的方法。如图 6-36 所示，迪奥的这款裙装，折叠元素重复使用使裙装具有造型感和艺术美感。

二、中心统一

中心统一是指整体中的某一部分成为设计中的重点，通过对这一重点的突出和强调，使这个部分具有设计感，成为人们的视觉中心，服装的其他部分需要服从这一中心，并与之协调形成统一。图6-37的这款裙装的设计以雕塑为原型。整件服装造型像一个头部雕塑一样。服装的中心为胸腰部位，也就是雕塑的脸部造型，而裙身其他部位的褶皱均以此为中心，形成雕塑的胡须。肩部如同延伸的头发。

图6-36 重复统一

图6-37 中心统一

三、支配统一

支配统一是指主体部分控制整体以及其他从属部分，通过建立主从关系形成统一。在设计中，相同的材料、形状；相同的色相、明度、纯度；相同的花形纹样等都可以作为支配的要素。图6-38是安娜苏（Anna Sui）的设计，其配饰的色彩风格均从属于服装设计。

图6-38 支配统一

图6-39 统一在服装上的应用

服装中的统一首先表现在形态上的支配与统一，在进行服装的整体设计时，要考虑整体的风格统一，如服装上下装的关系；外轮廓与内部零件的关系；装饰图案与部位的关系等都要用统一的原理进行设计。服装的任何构成元素都可以单独看作是需要统一的元素。图6-39所示迪奥的这款礼服，礼服的肩部、裙身、下摆等部位的设计均采用了相同造型的折叠形式，这就使服装整体造型达到统一，使折叠形式造型不单一、不突兀。

第八节　强调

强调是指使人的视线从一开始就被所要强调的部分吸引。强调的方法可以使设计重点突出，设计主次分明，被强调的部分经常是设计的视觉中心，设计特色往往体现于此，而其他部分通常弱化设计。

一、强调主题

强调主题的手法一般运用在发布会服装或比赛服装的设计中。这类服装的设计会给出一个主题，要围绕这个主题展开设计，一般是以系列服装的形式出现，从构思、材料选择、色彩运用、工艺、配饰等都以突出主题为目的，甚至连发布会表演的场景、灯光、音响等都要考虑与设计主题相呼应。如图6-40所示的服装为路易威登的"中国风"设计，服装从选材、色彩、款式和工艺手法上都以中式风格为前提确定。面料采用中国传统面料丝绸，色彩为中国传统官服中常用的紫色，款式上为中国旗袍的改良设计，而图案也运用了具有中国传统文化的兰花图案。

图6-40　强调主题

二、强调工艺

服装设计中强调工艺是指突出裁剪特点、制作工艺技巧或装饰手法等，将工艺作为服装的设计特色，给人以风格明确、设计巧妙的印象。如镂空工艺、抽纱工艺、褶皱工艺等。在高级时装和礼服设计中，工艺通常是被强调的部分，如手工刺绣、手绘等，都体现了服装的工艺美。图6-41所示的服装应用了镂空的工艺手法以突出服装的设计感。

图6-41　强调工艺

三、强调色彩

色彩是服装设计三要素中视觉反应最快的要素，利用色彩优势作为强调手法，是非常容易突出效果的设计形式。应用色彩的情感特点、色彩对比、色彩的明暗及深浅的对照关系等来突出服装设计，会使设计作品醒目活跃、风格明确。例如，在正式场合，很多女士会穿黑色礼服，结婚典礼上，新娘会穿白色婚纱，黑色和白色分别强调了高贵典雅和纯洁灵秀。另外，色彩还具有一定的社会文化象征性，如在中国，红色象征着吉祥、喜庆，在中国过年、结婚常穿着红色服装。

四、强调材料

随着科技的发展，各种新型材料应运而生，使得服装设计在材料上表现出多种风格。现代服装设计中，根据面料的不同特色将面料进行改造，强调面料的可塑性和观赏性，突出面料的肌理感，或者利用面料本身所具有的特点强调面料的功能性和艺术性。从而以服装的材料来突

出服装的美。图 6-42 为三宅一生的一身褶设计，这
款服装应用了面料再改造的工艺手法，对面料进行了
褶皱处理。

五、强调配饰

　　服装设计不只是针对单件的服装而言，而是整个
的着装状态，其中也包括除了主体服装之外的饰品。
通过强调配饰来强调设计主体已经成为很多人追逐的
新设计时尚。当服装的款式、面料、色彩等都较为平
淡的时候，运用诸如腰带、围巾、头饰、包等配饰巧
妙的搭配，可以起到画龙点睛的效果。另外，配饰的
强调运用，还可以为着装者扬长避短，掩饰人体某一
部分的缺点，如肩部的配饰可以掩盖人的高低肩；同
时，还可以掩饰服装设计本身的不足，突出优点。

图 6-42　强调材料

第九节　形式美法则的实践应用

实践训练

　　用一种或几种形式美法则进行服装设计并绘制效果图。

训练 1　非对称均衡

　　此款服装的设计采用了不对称剪裁而达到的均衡视觉效果。非对称
均衡设计方法主要运用在服装的款式和面料上。图 6-43 所示的服装左
右两边色彩不同形成了对比与不对称，条文面料由于不对称的设计出现
了褶皱变形，使得面料条纹产生直线、斜线和曲线的造型，丰富了服装
整体的视觉效果。从服装整体款式上来看，左边为单肩、右边为抹胸，
左边裙摆长而右边裙摆短，左右形成不对称的效果，腰带设计为右边系
扎，使得服装整体处于均衡状态。整套服装显得新颖别致。

图 6-43　不对称均衡

训练2 对比

如图6-44所示，此款服装的设计在款式和色彩上采用了对比的形式美法则；在服装造型上，裙摆的蓬松、衣袖的体量感与腰节的紧身形成了对比；色彩上，白色的长衬衣与黑色条纹短裙形成对比。这些对比要素间相互作用，使服装具有强烈的视觉冲击力。短裙下，露出的长衬衣底摆又与衣身和衣袖的白色进行呼应，形成协调的效果。

训练3 反复与交替

如图6-45所示，此款服装设计采用反复与交替的形式美原理。服装面料图案的红色与黄色在服装衣身上形成对比，凸显了服装的图案设计，并且此图案重复出现在服装的不同部位，排列方式也不同，成为本款服装的设计重点。

图6-44 对比　　　　　　　图6-45 反复与交替

训练4 比例

如图6-46所示，以斑马和长颈鹿斑纹为灵感，进行面料印花处理，将不同斑纹的面料进行拼接。不同色彩和图案的面料间又以不同的比例进行拼接。服装款式简洁大方，整体呈现层次感和韵律感。

训练5 协调

此款服装的设计在面料和色彩上采用了对比和协调的方法（图6-47）。上衣的紧身与阔腿裤、宽松袖口形成对比；上衣的针织面料与裤子的机织面料形成对比；白色与黄色也形成对比。对比要素较多，差异较大，使得整套衣服有强烈的视觉冲击力，但是也容易形成不统一、不协调的效果。由于上衣领部和袖口绣花图案与下装的色彩进行呼应，整套服装看起来协调、美观。

图 6-46　比例　　　　　　　　图 6-47　协调

本章小结

● 主要介绍了服装构成的形式美法则，有比例、平衡、旋律、对比、反复与交替、协调、统一和强调八种。

● 比例，是服装各部位之间尺寸的对比关系。主要有黄金比例、渐变比例和无规则比例。比例的运用可以使服装达到协调的美感。

● 服装设计平衡，是指服装的诸多因素使人在视觉上和心理上产生一种稳定感。主要包括对称式平衡和非对称式均衡，平衡的运用使服装具有端正、安定的特点。

● 旋律，是指服装造型中点、线、面、体等诸多因素经过精心设计而形成的一种具有节奏韵律变化的美感。旋律在服装设计中可以分为重复旋律、流动旋律、层次旋律、放射旋律和过渡旋律，使服装达到韵律美感。

● 服装的对比关系，主要包括色彩对比、款式对比和材料对比。将对比的方法运用到服装设计中，通常会增强对比元素的特征，在视觉上形成强烈刺激，给人以特点鲜明、明朗、活泼的感觉，增强服装的设计感。

● 反复与交替在服装设计中应用时，需注意同质异形法的运用，同质异形的要素反复出现在服装设计中，既不会使设计呆板，又丰富了视觉效果，还不会过于混乱。

● 在服装设计中，协调主要是指各构成要素之间在形态上的统一和排列组合上的秩序感。包括类似协调、大小协调、对比协调和材料协调。

● 服装设计中，既要追求款式、材料、色彩的丰富变化，也要防止设计因素杂乱、堆积，缺乏统一。统一包括重复统一、中心统一和支配统一。

● 强调，是指使人的视线从一开始就被所要强调的部分吸引，通常被强调的部分是设计中的视觉中心。在服装设计中，强调包括强调主题、强调工艺、强调色彩、强调材料、强调配饰。

思考题

1. 运用旋律的方法设计一款服装并绘制效果图。要求：

（1）选择一种旋律形式对服装进行设计，使服装具有韵律感。

（2）绘制效果图。

（3）写明设计构思。

2. 设计一款服装，使之符合恰当的比例关系并绘制效果图。要求：

（1）设计一款服装，使服装整体与局部、局部与局部之间符合恰当的比例关系，服装整体协调。

（2）绘制效果图。

（3）写明设计构思。

3. 运用平衡的原理设计一款服装并绘制效果图。要求：

（1）运用一种对称或不对称形式设计一款服装，使服装达到平衡效果。

（2）绘制效果图。

（3）写明设计构思。

4. 运用对比和协调原理设计一款服装并绘制效果图。要求：

（1）运用一种对比方法（造型对比、色彩对比、材料对比、面积对比）进行服装设计，增强服装视觉效果。

（2）注意对比元素间的相互作用，并进行协调，使服装和谐统一。

（3）绘制效果图。

（4）写明设计构思。

5. 运用统一的方法设计一款服装并绘制效果图。要求：

（1）选择一种统一方法（重复统一、支配统一、中心统一）进行服装设计。

（2）绘制效果图。

（3）写明设计构思。

6. 运用强调的方法设计一款服装并绘制效果图。要求：

（1）选择一种强调方法（强调主题、强调工艺、强调色彩、强调材料、强调配饰）进行服装设计。

（2）绘制效果图。

（3）写明设计构思。

7. 运用反复与交替的方法设计一款服装并绘制效果图。要求：

（1）选择一个或几个设计元素进行服装设计。

（2）注意使用同质异形的方法。

（3）绘制效果图。

（4）写明设计构思。

练习题

服装的形式美法则有哪些？它们在服装设计中分别具有什么作用？

第七章
服装视错觉

课程名称：服装视错觉

课程内容：视错觉的分类

视错觉在服装设计中的应用

视错觉的实践应用

课程时间：4课时

教学目的：通过对视错觉理论的学习，使学生掌握视错觉的方法，具备运用视错

觉理论设计服装的能力，并使服装达到修饰体形的效果。

教学要求：1. 使学生了解视错觉的内容和分类。

2. 使学生掌握视错觉方法在服装设计中的应用。

课前准备：阅读相关服装视错觉的书籍。

视错觉艺术完全是对人的视觉做功夫的绘画，画家用垂直线、并行线、曲线、正方形、圆形等作为造型的元素，然后通过特殊排列方式，如并置、复合、错位等刺激人们的视网膜，让观看者得到闪烁、流动、旋转、放射等运动的感觉。这完全是艺术家借助抽象的形式对人的视觉能力的开发。他们的确是在一个特别的领域里创造出美的艺术。

视错觉是指凭视觉所见而构成失真的或扭曲事实的知觉经验，这种知觉经验维持观察者不变的心理倾向。

在服装设计中，视错觉的运用可以弥补人体的不足，使人与服装产生美的和谐。利用服装造型中的形态大小、长短对比、造型繁简、松紧对比、材料肌理效果的对比、色彩明暗、感觉对比等来达到良好的视觉效果。

第一节　视错觉分类

一、形态错觉

形态错觉主要指物体几何形象错觉，包括长短错觉、对比错觉、远近错觉、横竖错觉、填充错觉、分割错觉、位移错觉、光渗错觉、变形错觉、动感错觉和图底错觉。

（一）长短错觉

由于线段的方向或附加物的影响，会产生同样长度而感觉长短不等的错觉。这种错觉主要有两种情况：一种情况是横竖线相等，竖线显得比横线长；另一种情况是附加物的影响。

图 7-1 菲克（Fick）错觉中，菲克错觉是垂直线与水平线是等长的，但看起来垂直线比水平线长。线段 AD 竖在线段 CB 中间，尽管它们实际上等长，但 AD 比 CB 感觉上长得多，这是因为竖线立在横线中央，观察时往往会将竖线与横线的一半去比较，就会感到竖线比横线长。对于这种错觉美学家的解释是："由于眼球上下运动比左右运动困难，因而容易疲倦，因为疲倦也就觉得上下的距离要比左右的长。"

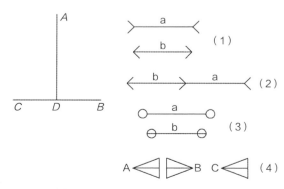

图 7-1　菲克错觉

（二）对比错觉

对比错觉是指两个或两个以上物体在一定情况下，如大小、长短、高矮、深浅等方面，由于双方差异太大，直接影响了人们的视觉感受，以致做出错误的判断。

如图 7-2 所示，艾宾浩斯（Ebbinghause）错觉中，左右两个圆，指中间的两个紫色的圆是一样大，但我们觉得大圆包围的圆比小圆包围的圆要小些。

（三）远近错觉

所谓远近错觉，一般指视物远小近大以及由于空气透视有远虚近实一类的错觉。绘画就是利用它来表现物体的体积、空间的深度和距离。透视学就是研究这种错觉的学问。远小近大错觉主要由物体在视网膜上成像大小所致。另外与心理判断也有关系。

图 7-2 艾宾浩斯错觉

如图 7-3 所示，两个人在现实中是等高，由于透视背景的影响，显得近处的人高，远处的人矮。

（四）横竖错觉

同一宽度的东西，横放比竖放显得宽，斜放介于两者之间，斜向物体的角度越近于竖越觉得细，越近于横越显粗。这种横宽竖窄的错觉简称横竖错觉。如图 7-4 所示，四个字母黑的程度实际一样，只是有着不同方向的分割线。假如用一只眼睛无论从什么方向看去，都会感到这四个字母似乎都不是一样黑。而且从每个方向看时，最黑的字母也不是同一个字母。可见，我们的眼睛对于各种方向上的光线并不完全一样地折射，因此就不可能同时清楚地看到垂直、水平以及斜向的线条。这使我们认识了所谓"像散现象"，完全没有这种缺点的人是很少有的。

图 7-3 远近错觉

图 7-4 横竖错觉

（五）填充错觉

盯着图 7-5 画像中心的蓝点，不要转移注意力，慢慢地蓝点就会褪去，这就是填充错觉。人的视觉系统只对一个画面内的变化有反应。一个不断变化的刺激物比一个静止的物体更重要。你的眼睛不停做出轻微的眼部运动，这样会帮助视觉画面不断发生变化而且可以被看见。蓝点逐渐溶进绿色，因为没有眼部系统的参照物来调整眼部运动，而且稳定状态的刺激物逐渐被忽略，几乎任何不产生变化的刺激物最终都会被忽略。

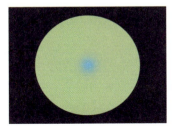

图 7-5 填充错觉

（六）分割错觉

同一几何形状、尺寸的物体，由于采取不同的分割方法，就会使人感到它们的形状和尺寸发生变化。一般来说，间隔分割越多，物体会显得比原来宽些或高些（当然不是无极限）。如图7-6所示，图中实际上是个正方形，由于横向进行弹簧形分剖，便显得高度尺寸比宽度尺寸大多了。

（七）位移错觉

当一条斜线（直线）被一定间隙的一组线截成两条线段时，就会产生两条线段似乎不在一条直线上的错觉，这种错觉称为位移错觉。如图7-7所示，似乎白条纹与红条纹在一条直线上，但实际上白条纹是与黄条纹在一条直线上。这种位移错觉的产生，主要是生理上的原因。当直线与并行线垂直时，线段左右两边都是直角，给人一种平衡的感觉，不会发生位移错觉。但如果线段倾斜，左右两个角不等，就会出现不平衡的感觉，好像角度大的一边有一个"力"把直线向角度小的一边推去，在心理上就会觉得这根线向角度小的方向移过去一段距离。

图7-6　分割错觉

（八）光渗错觉

各种不同波长的光，通过眼睛的水晶体后聚焦点并不完全在一个平面上，造成色像差，那么光在视网膜上影像的清晰度就有区别。长波长的暖色在视网膜上所形成的影像容易不清，似乎具有一种扩散性；短波长的冷色影像比较清晰，似乎具有某种收缩性，因而形成了色彩的膨胀感和收缩感。这不仅与波长有关，而且还与明度有关，由于"球面像差"原理，光亮的物体在视网膜上形成的影像轮廓外有一圈光围绕着，使物体在视网膜上影像轮廓扩大，看起来似乎比实物大一些，生理学、物理学称这种现象为"光渗"。

图7-8是两个大小相等的圆，但看起来白的似乎比黑的要大一些。物象上那道镶边（凝视白圈稍久，便可发现白圈的边缘比中部更光亮些）好像是光从像中渗透出来似的。

图7-7　位移错觉

图7-8　光渗错觉的光圈

（九）变形错觉

所谓变形错觉（又称方向错觉），是指由于其他线形造成各种方向的外来干扰或互相干扰，对原来线形造成歪曲的感觉。图7-9中的并行线，分别被一组放射线分割后，使并行线似乎

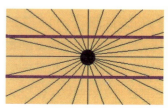

图7-9　变形错觉

变得弯曲了。有趣的是：当你把这张图放在电火花的光下看，它们就不再欺骗你的眼睛了。显然，这些错觉和眼睛的移动有关，在电火花短时间发光的情况下，这种移动是来不及发生。

（十）动感错觉

直线与直线、直线与同心圆、同心圆与同心圆、放射线与方格网线重叠时随着两个图形重叠的角度、距离（指同心圆的圆心距）不同，能够产生许多不同的波形纹样。动感错觉是指随着人眼球的移动使图形产生动感旋转的错觉（图7-10）。

图7-10 动感错觉

（十一）图底错觉

图底错觉是指图形和背景在一定条件下可以互换。1915年的"鲁宾（Rubin）之杯"（图7-11）成为图底错觉的典型图案。当你首先注意到的是白色时，黑色则隐到后面成为背景，呈现出的图形是白色的杯子；当你把视觉的中心移向黑色时，白色则隐退到后面，呈现的是人脸造型。

图7-11 鲁宾之杯

二、色彩错觉

色彩学在很大程度上就是研究色彩错觉。色彩错觉是人们在视觉感知外部世界时的一种知觉状态。其具体表现为眼睛感知的色彩（心理感受）与客观存在的色彩（物理上的真实）之间的差距。

（一）色彩的对比错觉

对比指人眼在同一空间和时间内所观察与感受到的色彩差异。对比错觉是指眼睛同时接受到不同色彩的刺激后，使色彩感觉发生相互冲突和干扰而造成的特殊视觉色彩效果，又称为"同时对比"。各种不同的色并列时，会产生色相、明度和纯度等种种变化。对比错觉的基本规律是在同时对比时，相邻接的色彩会改变和失掉原来的某些物质属性，并向对应的方向转换，从而展示出新的色彩效果和活力。一般来说，色彩对比越强烈，视错觉效果越显著。当明度各异的色彩同时对比时，明亮的颜色显得更加明亮，而黯淡的颜色则显得更加黯淡。这类色具有双重性格。如图7-12所示，同一黄色，放在橙底上，显黯淡；放于紫底上，则显得鲜明而黄味较重。

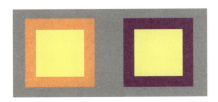

图7-12 色彩对比视错

（二）色彩的温度错觉

将温度计放到由透过三棱镜形成的七种色光里去测定温度，在暖色光（红、橙、黄）中温度上升，在蓝、紫色光中下降，这说明色光有温度差别。将几个相同大小的木块涂以不同的色彩（白、蓝、红、黑等）放到阳光下照射一些时间，然后用温度计去测定温度，就会发现白色木块的温度最低，黑色木块的温度最高。这是由于白色反射阳光最厉害，黑色吸收阳光最厉害，而反射最差。

色彩的这种温度变化是物理因素造成的。然而，在现实生活中，视觉所看到的色彩错觉则完全是由于人们的各种联想所造成。色彩给人的冷暖感觉，不是物理上的真实温度，而是人的视觉经验或心理联想造成的。因为当太阳照耀到人的身体，或当我们靠近橙红色的火光时，都会令人感到温暖。而当站在蓝色的大海边，灰白色的雪地上时，人会感到凉爽。这些长久的经验形成条件反射作用，使人看到红、橙红、橙色时就感到温暖，看到蓝色、蓝绿、灰白色时就感到冷。因此，在色彩学中将红、橙、黄等色彩称为暖色系；把蓝、青、紫等色彩称为冷色系。然而，色彩的冷暖感觉，不仅表现在固定的色相上，而且在对比中还会显示其相对的倾向性。例如，黄与紫并列时，紫倾向于冷色；而青与紫并列时，紫又倾向于暖色；绿与紫在明度高时近于冷色；而黄、绿、紫在明度与彩度高时又近于暖色。

色彩冷暖感的相对性，在中国古代就有明确的区分、描述。相对于暖色和冷色，绿色和紫色有时是中性色。至于黄色，一般被认为是暖色，因为它使人联想起阳光、火光等，但也有人视它为中性色。当然，同属黄色相，柠檬黄感觉偏冷，而中黄则感觉偏暖。色彩的冷暖感，与色彩的膨胀和收缩、前进和后退有紧密的联系，通常暖色有膨胀感和前进感，冷色有收缩感和后退感。但是，膨胀与收缩、前进与后退本身具有多种变化，加上冷暖感觉本身又具有相对性，所以它们之间的关系和变化是极其复杂和灵活的，如图 7-13 中 a 组比 b 组整体感觉温暖，暖感较强。

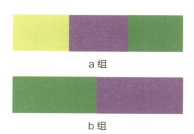

图 7-13　色彩的温度错觉

（三）色彩的重量错觉

色彩的重量错觉，也是心理联想及经验造成的。色彩的重量感以明度影响最大，明度低的颜色感觉重，明度高的颜色感觉轻。白色的东西之所以使人觉得轻，是由于人看到白色时会联想到白云、棉花、蓝天、羊毛等轻质物，产生轻柔、飘浮、上升、敏捷、灵活等感觉。而看到黑色就联想到钢铁、煤炭、石头等重质物，产生沉重、稳定、降落等感觉。同时，色相饱和的暖色感觉重，色相不饱和的冷色感觉轻。

（四）色彩的距离错觉

从生理学上讲，各种色彩的波长有长短之别，而这种差异非常微小，人眼的水晶体自动调节的灵敏度有限，所以不同波长的光波在视网膜上的映射，如光波长的红、橙、黄等色在视网膜的内侧成像，而光波短的绿、蓝、紫等色，在视网膜的外侧成像，以致造成前者各色显得比实际近些，后者各色显得远一些的视错觉现象。从而产生暖色好像有前进感，冷色好像有后退感的错觉现象。这种距离错觉以色相和明度的影响为最大。

一般情况下，暖色、纯色、高明度色、强烈对比色、大面积色、集中色等具有前进的感觉；而冷色、浊色、低明度色、弱对比色、小面积色、分散色等则具有后退的意味。黄色是光谱中明度最高、感觉最尖锐的色彩，具有前进感、扩张性，蓝色在感觉上具有后退感。

（五）色彩的疲劳错觉

色彩的彩度很强时，对人刺激很大，使人易于疲劳。一般说，暖色系的色彩比冷色系的色彩使人易于疲劳，绿色则不显著。许多色相在一起，明度差或彩度差较大时，也易使人疲劳。色彩的疲劳能引起彩度减弱，明度升高，色彩逐渐呈现灰色（略带黄）的现象，这种现象称为色觉的褪色现象，也称为色彩的疲劳错觉。

第二节　视错觉在服装设计中的应用

一、视错觉应用于服装分割线设计

服装的垂直分割线具有强调高度的作用。由于视错的影响，面积越窄，看起来显得越长；反之面积越宽，看起来就显得越短。垂直分割使服装形成面积较窄的几个部分，给人以修长、挺拔之感。垂直分割线往往与省道线结合在一起，也是省道线的延伸，如公主线便是如此。但是当密集的垂直分割线出现在服装中时，就会使服装有横向延伸之感（图7-14）。

水平分割有加强幅面宽度的作用。服装上的水平分割结构给人以柔和、平衡、连绵的印象；同时，横向的分割越多，就越富于律动感。因此，设计服装时，常使用这类横向分割线作为装饰线，并加以滚边、嵌条、缀花边、加荷叶边、缉明线或不同色块相拼等工艺手法，以取得活泼优美的服饰美感。但是当服装中出现密集的

图7-14　服装垂直分割

横向分割时，服装就反而有修长之感（图7-15）。

斜线分割的关键在于倾斜度的把握，斜度不同外观效果不一样。由于斜线的视觉移动距离比垂直线长的缘故，因此接近垂直的斜线分割比垂直分割的高度感更为强烈；而接近水平的斜线分割则感到高度减低、幅度见增。45°的斜线分割视错并不显长或显宽，具有掩饰体型的作用，故对于胖型或瘦型人体都很适宜。

图7-15 服装水平分割

二、视错觉应用于服装色彩设计

人们在感知外部世界时，眼睛感知的色彩效果与客观存在的实体之间容易存在一定的差距，这种知觉状态就称为色彩视错。色彩视错主要集中反映在色彩的膨缩感、进退感、冷暖感、轻重感、软硬感等方面。

人眼对不同色彩会产生膨胀和收缩的感觉。如光波长的红、橙、黄等暖色感觉较近，而光波短的绿、蓝、紫等冷色显得远一些。因此，在正常状态下，暖色的、明度高的、纯度高的颜色具有膨胀、前进和轻盈的感觉。而冷色的、明度低的、纯度低的颜色则具有收缩、后退和沉重的意味。因此，服装中的配饰因为面积小，宜采用鲜艳的浅色，使它更突出。

不同色相、明度、纯度的色彩也会产生远近、进退的误差。例如，色彩鲜艳、明度高的黄、橙等暖色能让人感到占据的空间大，距离近；而明度较弱、纯度较低的青、紫、绿等色会产生收缩、后退、远离的感觉。明度较高、纯度较低的色彩容易形成上升的感觉，而明度较低、纯度较高的色彩有下降的运动趋势。因此，在设计服装图案时，可以用距离远的颜色作为服装色，选择距离近的颜色作为图案色。这样服装的图案会更有层次、更立体（图7-16）。

色彩的不同配置可以产生不同的轻重感觉。色彩的轻重感是人们在接受物体质量刺激的同时，也接受其色彩刺激所形成的条件反射。在色彩环中，明度较高的色相感觉轻，明度较低的色相感觉重，因此，红色感觉比黄色重，白色图形和黑色图形并置，黑色总是比白色显得沉重。例如，黑白搭配的服装中，当上装为白色，下装为黑色时，显得成熟而沉稳；上装为黑色，下装为白色时，显得活泼而有动感（图7-17）。

色彩的质感是指颜色给予人们粗糙和细滑、硬挺和柔软等不同的视觉觉感受。色彩的明度决定色

图7-16 色彩距离　　图7-17 色彩的轻重

的软硬感，明度越高显得越软，明度越低显得越硬。色彩的软硬感与轻重感有直接的关系，明度对比强烈的面料显得硬挺，明度对比弱的颜色使面料显得柔软。不同的颜色搭配会产生不同的质感。颜色过渡丰富，则面料质地感觉细腻、华丽；颜色对比特别强烈，则面料给人硬挺的感觉；颜色搭配调和，则面料质感较温和、柔软。

从色相方面看，暖色给人以华丽的感觉，冷色给人以朴素的感觉；从明度方面看，明度高的色彩感觉华丽，明度低的色彩感觉朴素；从纯度方面看，纯度高的色彩感觉华丽，纯度低的色彩感觉朴素；从质感方面看，质地细密且有光泽的色彩感觉华丽，质地疏松且无光泽的色彩感觉朴素。同时，暖色服装让人感觉较有动态，冷色服装让人感觉为静态。如浓重纯正的红色给人富丽堂皇的感觉；深红、灰红显得稳重老成；含粉的红色显得年轻、可爱活泼（图7-18）。

图7-18 红色系的质感

因此，服装的色彩设计，需要根据穿着对象、周围环境、季节变化等客观因素来运用色彩。其原则大体可归纳为以下方面：

（一）根据体型选用色彩

体态瘦的人穿暖色，明亮色服装显得丰满，体态瘦的人还适合横向分割的服装，也适合穿大花纹或大方格的服装。体态瘦的人不能多用具有收缩感的深色、暗色。

体态胖的人穿冷色，暗色服装能显得苗条。体态胖的人应避免穿高明度的浅色和色相饱和的强烈色彩，否则会产生膨胀感，发亮闪光的面料也忌使用。体态胖的人适合穿竖向分割的服装，也可以穿小格或小花纹的服装。

矮小身材的人宜用淡而柔和的色调，或调子相同，或上下一色的服装，回避两截式服装，以加强身体体积感和修长感。

高大身材的人应该多穿用深色或含灰色，或将通身的色彩分为两段或三段，使人产生不过分高的视觉印象。

（二）根据肤色选用色彩

利用色彩的对比作用，白皮肤的人，多以鲜艳、明亮的颜色为最佳，可以选择各种色彩。亚洲人肤色是黄色，适宜的色彩较多，但在使用与黄色对比的色彩时要谨慎，像紫色，以免使肤色显得更加黄绿。皮肤色较黄或较青黄的人，服装配色时应尽量避开黄色、灰黑色、墨绿色，应选择柔和的暖色调，如红色、橙色等，使皮肤显得红润。肤色较黑的人，最好选用较鲜明的颜色。皮肤黑的人不宜选择过深暗或过浅淡的颜色，而应该选择对比鲜亮的色彩。肤色暗的人应选择高明度、高纯度鲜艳的服装颜色。

（三）根据不同年龄、性别选用色彩

儿童服装宜选用鲜艳、活泼的暖色调，尽量达到艳丽夺目、活泼漂亮的效果。花纹不宜过大，色彩不能过深。对于年轻的女性，应根据各自不同的体型来选择色彩，但也应以色彩鲜艳、明亮为主基调。老年人宜选用素雅一些的色彩。男性一般习惯于穿淡雅、文静的色彩，所以，男性不宜穿过于鲜艳，花纹过多，图案过于复杂的服装，应以文静大方为主基调。

（四）根据季节不同选用色彩

根据季节不同而选用不同的色彩，在服装设计中早已广泛应用。由于色彩不同，给人心理上的作用不同，服装设计师利用红、橙、黄等色彩给人一种暖和的感觉和反映一种热情的气氛；相反，青、绿等色给人一种幽静、寒冷的感觉。在炎热的夏季里，人们常常习惯穿色彩淡雅、花色清爽的服装，同时也充分利用了色彩的吸热和散热的作用。

总之，服装用色应该协调统一，使人看起来感觉柔和、淡雅、舒适。在服装配色上，应力求简单、朴素，不宜过于复杂，一件衣服最好不超过两种以上色调。对于童装，用色可以复杂些，以其鲜艳、明快为主，但要注意儿童服装面积较小，如果颜色过多，就会破坏设计的线条。

三、视错觉应用于服装造型要素设计

点、线、面、体为服装的造型要素，它们的组合运用在服装造型和服装心理的作用过程中产生不同的服用效应，唤起不同的心理经验。

点在服装中可表现为面料花纹、纽扣、金属钉、袋盖、拉链扣、皮带扣、蝴蝶扣等。在服装设计中常运用有对称排列的点，以纽扣和一些有规则的装饰品为表现形式，它能体现设计中严谨和规范的美感，这在实用服装的设计上尤为突出。不对称、不规则的散点，通过斜线排列、穿插、散落等布局，使相等大小的点在设计构图中产生丰富的变化，以达到新颖的造型效果。

图 7-19　点元素图案

大小不同的点是组合构成服装设计中最具表现力的手法。点的运用不再局限于纽扣或普通饰品，可以采用任何饰物作为点的设计，从平面到立体不同形式的自由组合，并在不断变化中加以区别，把点的构成推向更高的境界。如图 7-19 所示，点的渐变、疏密排列使人的视觉产生了从裙摆到腰节渐渐退远的感觉，使腰节变细，裙摆变宽大。如图 7-20 所示，花朵形的点作为纽扣设计，使整款服装可爱、恬美，女性化味道强。

图 7-20　花形纽扣

面的造型表现为服装的基本廓型，它以人体的基本形态为准则。服装每一个局部的造型构成了整体服装的大型。服装的型基本由圆形、三角形、方形等基本面形演变构成。圆形在服装设计中具有独特效果，它可以通过大小组合变化以及波浪曲线产生丰富多样的形式，它多用在领、裙身、袖型、口袋等部件和服装外形的造型上。圆形装饰给人以饱满、充实、跳动的张力感觉。方形构成服装的主要形体，方形造型具有稳定的均衡感。三角形在服装设计中，常给人以节奏、线条清晰的美感。这些几何面形进行组合、变化、重叠、分割、变形等手法，可以设计出风格各异的服装款式，它们将赋予服装不同的外观感受。

第三节　视错觉的实践应用

实践训练

运用视错觉理论设计服装，并验证它对体型修正的作用。

训练 1

如图 7-21 所示，此款服装的设计运用分割视错的原理。宽松的阔腿裤采用横条纹设计来实现水平分割，水平分割给人以平稳和横向延伸的视觉感受，而密集的水平分割又会使着装者具有修长之感，且使服装具有律动感。另外，服装采用蓝色，冷色具有收缩感。因此，这款服装可以使着装者看起来更加修长。

训练 2

如图 7-22 所示，此款服装以花朵作为点造型要素进行设计，使着装者看起来甜美、女性味十足。只在一边肩上设计花型，可以对高低肩这类特体，进行视觉上的修正作用。上衣紧身，裙身蓬体，还可以帮助上身瘦下身胖的体型进行很好的遮盖、掩饰。

图 7-21　分割视错设计　　图 7-22　点造型元素设计

训练 3

如图 7-23 所示，服装选用黑色的衣身色，用颜色各异的花朵进行装饰。根据色彩的远近视错，黑色是距离最远，而彩色系中，红色波长最长，与我们的距离最近，暖色要比冷色的距离近一些。服装上的图案主要由红色、黄色、紫色构成。因此，看到衣身色距我们最远，图案色有不同程度的距离感，使整件服装的图案看起来立体而有层次。

本章小结

● 在服装设计中，视错觉的运用可以弥补人体的缺陷，使人与服装产生美的和谐。利用服装造型中的形态大小、长短对比，造型繁简、松紧对比、材料肌理效果的对比、色彩明暗、感觉对比等来达到良好的视觉效果。

● 视错觉有形态错觉和色彩错觉两大类。

● 视错觉原理主要应用于服装的分割线设计、色彩设计和造型要素的设计中。

图 7-23　色彩的
远近视错设计

思考题

1. 如何用视错觉的方法对特体（驼背、大腹、高低肩、身长腿短、宽臀、身材粗壮、又矮又胖等）进行体型修正？

2. 在服装设计中，色彩对人心理有哪些影响？

练习题

运用视错觉理论设计一款服装并绘制效果图。要求：

（1）选择一种特殊体型，并找出这种体型需要掩盖或用服装弥补的部位。

（2）运用视错觉理论设计一款服装，使此类体型得到美化。

（3）绘制效果图。

（4）写明设计构思。

第八章
服装造型设计

课题名称：服装造型设计

课程内容：服装外轮廓设计

服装结构线设计

服装廓型感度分析与运用

服装造型设计的实践应用

课程时间：4课时

教学目的：服装廓型不仅体现出造型特征，同时也是流行的风向标；对服装设计
内外轮廓的把握，帮助设计师明确服装设计基本要素中廓型方面内容，
是服装设计顺利展开的一个基础环节。

教学要求：1. 掌握内外轮廓的设计方法。

2. 根据基本造型结构特点，对服装廓型基本分类，并借助基本廓型的
造型结构进行新廓型的造型结构设计。

3. 设计师对服装不同廓型的感度要有一定的感知能力。

课前准备：查阅服装史及服装面料相关资料。

第一节　服装外轮廓设计

服装造型设计注重服装的造型设计方法及设计思路，以培养创造性思维为目的，是服装设计师应具备的基本素质。

服装设计包括款式、材料、色彩三大要素，款式设计是指服装外轮廓设计（外形线设计）、内轮廓设计（内部结构线设计）、部件设计等方面。

一、*服装外轮廓特征*

服装外轮廓变化极为丰富，对于款式新颖的服装而言，无论结构如何繁复，首先跃入视线的是外轮廓线，它能直接且清晰地传达服装的最基本特征。每季服装流行的变化都是以外轮廓的变化而展开。服装外轮廓特征演变和发展能反映出社会政治、经济、文化等不同方面的信息。不同的外轮廓都能体现出不同的外观视觉效果，使人产生不同的感受和联想感度。

服装外轮廓不仅能体现服装的造型风格，也能直观的表达人体曲线美。因此，外轮廓在服装款式设计中居于首要地位。

（一）外轮廓（外形线）是时代风貌的体现

服装外轮廓不仅是单纯的造型手段，也是时代风貌的一种体现。纵观中外服装发展史各时期的经典服装样式，其中服装外形轮廓的变化，蕴含着深厚的社会内容。

知识点导入

窄衣文化的巩固期（19世纪）

19世纪被称为"样式模仿的世纪"。女装的变化几乎是按顺序周期性的重现过去曾出现过的样式：

1. 新古典主义思潮裙装

新古典主义思潮使法国女装向古希腊、古罗马那种自然样式模仿，追求造型的简练、朴素和人体的自然美。这一时期不强调女性胸、腰、臀三围的曲线造型，紧身胸衣和裙撑消失，三围差量通过收省和活褶表现出来。注重面料纱向运用，前衣片和袖片一般采用正斜丝，一方面便于穿脱；另一方面使面料柔和随体，如图8-1所示，为新古典主义女装。

2. 浪漫主义时期裙装（1825—1850年对文艺复兴样式的复辟）

浪漫主义时期强调女性腰身的风格再次流行，其造型表现为：腰围线回到正常腰线位置，由于腰被紧身胸衣勒细的同时，袖根部极度膨大化，裙子向外扩张，使整体造型呈X

型。为强调细腰，前衣身中心有呈锐角尖下去的装饰线，在收腰同时，裙子上出现许多皱褶，裙摆加大，发展为呈现吊钟形。

3. 新洛可可时期裙装（1850—1870 年裙撑的第三次登场）

新洛可可时代女性崇尚的形象是娇小纤弱可供男性欣赏的"洋娃娃"。紧身胸衣的普及使女装再次向束缚人体的方向发展，裙撑的使用，使女装造型极度膨大化，紧身胸衣与裙撑的组合重新限制了女性的行动自由。流行的宝塔袖，袖根窄小，袖口喇叭状张开，以蕾丝或有刺绣的织物一段一段接起来。

4. 臀垫第三次流行（1870—1890 年）

女装呈现"前挺后翘"的外观特征，白天为高领，夜间多为袒露的低领口，衣服表面装饰繁复，多种材质和形式被应用。

5. S 型时期裙装（1890—1914 年）

19 世纪末 20 世纪初，受新艺术运动流动曲线造型样式的影响，女装进入 S 型时代。这是古典样式向现代样式过渡的转变期，巴塞尔被抛弃，紧身胸衣在前面把胸高高托起，把腹部压平，把腰勒细，在后面紧贴背部，把丰满的臀部表现出来，从腰向下摆，裙子自然张开，形成喇叭状波浪裙，从侧面看，挺胸收腹翘臀，整个外形宛如 S 型。如图 8-2 所示，分别为浪漫主义时期裙装、新洛可可时期裙装、巴斯尔裙装、S 型时期裙装。

图 8-1　新古典主义女装

浪漫主义时期裙装

新洛可可时期裙装

巴斯尔裙装

S 型时期裙装

图 8-2　19 世纪末 20 世纪初女装流行式样

（二）外轮廓在时装流行趋势中起到传递信息和指导方向的作用

凭借外轮廓可以明确分辨出与绝大部分服装对应的时代。如图 8-3 所示，是 20 世纪后半叶女装流行的外轮廓，分别是 20 世纪 50 年代的梯形，20 世纪 60 年代的酒杯形，20 世纪 70 年代的倒三角形，20 世纪 80 年代的长方形，20 世纪 90 年代较为柔和的倒三角形。

| 20世纪50年代
梯形 | 20世纪60年代
酒杯形 | 20世纪70年代
倒三角形 | 20世纪80年代
长方形 | 20世纪90年代
柔和的倒三角形 |

图8-3　20世纪后半叶女装流行的外轮廓

知识点导入

20世纪西方女装造型的变迁

法国巴黎是20世纪女装中心，那里有一流的服装面料，一流的服装设备，一流的帽商，一流的鞋商、箱包商、珠宝商、金银匠，一流的裁缝和具有极高鉴赏水平的顾客，更重要的是还有那些朝圣般前往巴黎的各国设计人才。这些设计师们为巴黎带来了不同民族的服饰文化，创造出近现代的法国女装艺术，创造出一门可以与绘画、雕塑、建筑等相媲美的服装艺术，创造了一次又一次席卷全球的女装流行新浪潮，创造了整整一个世纪的浪漫与辉煌。

1.20世纪初的东方风格

20世纪初，服装设计师保罗·波烈推出高腰线、细长造型的希腊风格，这种直线形造型设计是一次革命性创举，把妇女从数百年来的紧身胸衣中解放出来。

这一时期的东方风格服装的造型简洁、宽松、流畅、飘逸，使刚从紧身胸衣及裙撑束缚中解放出来的西方女性倍感新鲜。以保罗·波烈为代表的一批设计师先后发布了色彩鲜艳的东方趣味的服装作品。这些服装造型线条自然流畅，结构简洁宽松，如中国风的连袖式、日本和服式的长而宽松的直线条裙子和开衩，都被不同程度的应用在当时的流行中。

1910年前后，保罗·波烈借鉴日本和服下摆的收紧样式，发布了宽松腰身，膝部以下收紧的样式，这种新样式在1910—1914年风靡巴黎，如图8-4所示，为20世纪初风靡一时的霍布尔（Hobble）女裙。

2.20世纪20~30年代的女装造型

第一次世界大战后，妇女从封建礼教的束缚中解放出来后，人们又走向另一个极端，否定女性特征，于是女性纷纷压平胸部，放松纤腰，腰围线下移到臀围线附近，臀部松量设计减少，丰臀被束紧，裙子变短，整个外形呈"管子状"。

这一时期连衣裙的经典样式是晚礼服，造型大多纤细修长，裸露

图8-4　霍布尔女裙

背部。为达到合体，衣服松量在腰、臀部位被收掉，臀围以下面料倾斜而下，形成优美流畅的线条，产生了一种新的造型。此类设计最具权威的是玛德莱奴·维奥内（Madeleine Vionnet，1876—1975年），她擅长用中国丝绸——双绉来制作晚礼服，以追求柔和自然悬垂的效果。为了综合考虑人体、面料、图案等因素，她将面料直接披挂在人台上进行设计和裁剪，创立出"斜裁技术"，使设计效果得到直接呈现，同时增强了面料对人体的适应性。如图8-5所示为20世纪20年代的低腰管状女装造型，20世纪30年代斜裁的露背晚礼服，20世纪40年代的"新风貌"造型。

低腰筒状女装

3. 20世纪40~50年代的女装造型

1947年2月12日，克里斯汀·迪奥发布的"新样式"象征着和平时代的到来。迪奥称这种新样式为"花冠造型"，把腰围线作为设计点，是一种复古的经典样式。通过各部位完美的比例关系，

斜裁露背晚礼服

新样式

图8-5 20世纪20~30年代女装造型

传达出20世纪四五十年代女性推崇优雅之美。此后，迪奥领导了后来10年间服装的流行，每季都推出新造型。

同时期的另一位设计大师克里斯特巴尔·巴伦夏加（Cristobal Balenciaga，1895—1972年），他重视女装的整体风格，自己具有高超的裁剪技能。他的设计以人为本，一生致力于推行简洁、单纯、朴素的女装造型，在便于活动、解放女性腰身方面做出贡献，是运动型女装的先驱。他的设计有一种东方风格的审美，现在看来也是非常前卫的作品。1957年克里斯特巴尔·巴伦夏加推出极为朴素的修米兹（chemise）衬裙式女装，与迪奥强调腰身和富有量感的裙子造型观念不同，巴伦夏加一直追求自然肩形，宽松适体的腰身，臀部周围留有一定空间。

4. 20世纪60年代的女装造型

全球的"年轻风暴"使20世纪60年代的西方社会极不安宁，强制性改变着人们的世界观、价值观和审美观，也改变了之后20世纪后半叶服装流行的方向和模式。女装开始朝着单纯化、轻便化、简洁化、朴素化的方向发展。

英国设计师玛丽·匡特（Mary Quant）最早将女套衫加长15cm成为连衣裙，造成轰动欧美时装界的"迷你"风暴。

设计师安德烈·库雷热（Andre Courreges）于1965年也发布了迷你裙。他一次又一次

的缩短裙长，以改变人体整体形态的比例和
均衡感，注重裙子的运动性和功能性。他在
服装设计上强调几何形式构成，将口袋、纽
扣、线迹、结构线等元素进行平面几何设
计，表面看不到明显的省道，被认为是东西
方服装风格的又一次交融，图8-6为20世
纪60年代迷你裙。

图8-6　20世纪60年代迷你裙

　　5.20世纪70~90年代的女装造型

　　20世纪70年代，受石油经济危机的影
响，欧洲经济不景气，过度繁复奢华的服饰风格不再受到人们的欢迎，来自东方异国情调
的宽松样式受到人们的关注。这一时期，高田贤三、三宅一生、川久保龄、山本耀司等来
自东方的设计师们登上世界时尚舞台，受到关注。日本设计师以此为契机，把东方的审美
观念和裁剪技术带入女装时尚中心法国巴黎，东、西方之间服装造型的融合从此开始。

　　由此可以看出，轮廓线的变化就是流行款式演变的关键要素。每一季流行的外形线变化，
无论如何微小，都能引导世界时尚潮流，使之流行起来。因此，服装设计可以从外形线的更替
变化，分析出服装演变、流行发展的规律，从而预测未来的流行趋势。

二、决定外轮廓变化的主要部位

　　服装造型以人的基本体型为基础，因此服装外形线的变化
应依据人体的形态结构进行设计。服装的外形线离不开支撑衣
裙的肩线、腰围线、臀围线，因此，外形线变化的主要部位是
肩、腰、臀、底摆（图8-7）。

（一）肩

　　肩线的处理是设计师表现设计风格的一个重要方面。女性
人体的肩部造型是柔顺圆滑，依附于肩部的服装造型设计较能
体现女性的柔美，例如，20世纪40~50年代流行的造型，多
采用自然圆润的肩部造型，收紧的腰部线条，充分展现了女性
的优雅与柔美。而经过其他工艺结构处理后的肩部造型，由于

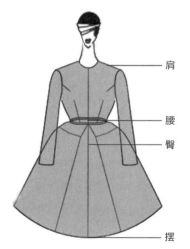

图8-7　服装外轮廓变化的部位

离开女性肩部这个支点，无论是窄肩、一字肩还是插肩造型设计，都使服装或多或少地带有男
装的特点，减弱了女装的柔美成分。具有代表性的是20世纪80年代由阿玛尼（Armani）设

计的宽肩职业女装，这种宽肩造型的女装迎合了当时社会大量出现的职业女性对服装的需求。

肩是服装造型设计中受限较多的部位，肩部变化的幅度远不如腰围线和底边线范围广。不同历史时期曾出现过许多样式的肩部造型，无论是袒肩还是窄肩，基本上都是依据肩部的形态略作变化而产生的新造型。主要分为以下几种：自然肩型、一字肩型、插肩型、窄肩型（图8-8）。

1. 自然肩型

自然肩型是依据人体肩部，完全与人体肩宽、肩斜度吻合的外观形态，给人以自然、合体的感受，柔美、传统、优雅风格的服装常采用此类肩型设计。

2. 一字肩型

一字肩型给人的感觉是平和宽，它放大肩部的标准尺寸，放置较厚的肩垫，使肩部饱满平挺，外形与汉字"一"相仿，使人看起来强壮而魁梧，增加了服装的宽度感，职业、中性、简约、都市风格的服装及摩登、张扬感风格的服装常采用此类肩型设计。

自然肩型　　　　　　一字肩型

插肩型　　　　　　窄肩型

图8-8　肩型设计

3. 插肩型

插肩型设计放大肩部尺寸，通过增长肩线，形成肩部自然下落的外观，一般配以宽大的平袖，给人休闲、舒适、自由之感。运动、未来、现代、活力感风格的服装常采用此类肩型设计。

4. 窄肩型

窄肩型设计故意削减标准肩部尺寸，使肩部外形缩小，富有紧凑合体的感觉。现代、未来、简约风格的服装常采用此类肩型设计。

（二）腰

腰是服装造型中的关键部位，变化比较丰富。腰围线处理包含两个方面：腰的宽窄、腰围线的高低。

腰的宽窄在造型上表现为H型和Y型。这是两种相对立的造型，H型是松腰结构，体现自然随意的设计风格，20世纪20年代和20世纪90年代初都曾流行过以松腰为特征的H型。与H型相反，X型最能完美地体现女性的苗条身材，塑造纤细美人的古典主义形象，20世纪50年代迪奥的"新风貌"设计强调这一点。腰围线的高低使服装上下的比例关系出现差异。高腰设计抬高了视线，使服装上下长短比例产生变化，端庄典雅的礼服设计常采用这种结构。低腰设计则会使视觉下移。腰部的形态变化大致呈现下面两种方式。

1. 束腰与松腰

服装设计师常把腰部设计归纳为 X 型和 H 型，即束腰和松腰的形式（图 8-9）。

（1）束腰（"X"型）：束腰设计是通过在腰部设计省道、褶裥、装橡筋、束带等形式，使服装整体呈现上下宽中间窄的造型，能显示女性的轻柔、纤细之美。

（2）松腰（"H"型）：松腰设计表现为腰部不束，使服装呈现自由、宽松、闲适的状态，整体造型具有简洁、大气之美。

束腰与松腰这两种形式随流行的循环轮回，常交替出现，20 世纪就经历了 H—X—H 的变换过程，每一次变化都给当时的服装界带来新一轮的流行。

图 8-9 束腰和松腰设计的连衣裙

2. 腰节线的高低

腰节线上下高度的变化可形成高腰式、中腰式、低腰式的服装（图 8-10），从服装的发展历史看，腰节线的变化具有一定的规律性。

（1）高腰式：高腰式设计是将腰线设计得高于人体的实际腰围位置，具有夸张的效果，并增强胸部和腰部之间的起伏感和曲线感，对人体有较强的修饰作用。例如，19 世纪的新古典主义风格的女装，裙长及地，腰线提高到胸围线下，优雅的褶裥柔和的勾勒出女性美；我国唐代的裙装，裙长及地，裙腰及胸，也属于这类高腰线造型。

（2）中腰式：中腰式设计又称为标准型，腰节线设计高度与人体的实际腰节基本一致，给人以稳定、均衡的感觉，穿着舒适合体，线条流畅。例如，19 世纪新古典主义风潮之后的浪漫主义风格女装，腰线设计从高腰降到正常腰线位置，将新古典主义时期摒弃的紧身胸衣和裙撑重新拾起，塑造 X 型的复古造型。

（3）低腰式：低腰式设计是腰节线位置低于人体的实际腰围位置，具有夸张效果。通过腰节下移，增强了整体的饱满、丰腴感，对体型具有较强的修饰作用。常用于女童、少女 H 型连衣裙的设计中。20 世纪 20 年代的管子状女装就是这种腰线设计的典型样式；中国战国时楚地的深衣也是将腰节线降至臀围线的女装。

低腰　　　中腰　　　高腰

图 8-10 腰节线设计

（三）底边

上衣和裙装底边线的长短，直接影响到外轮廓的比例（图8-11），并能由此判断出服装所处的年代。裙长与经济有着微妙的关系：经济增长、快速发展时期，裙长大抵均比前一个时期要短一些，如20世纪20年代后期和60年代中期，战后经济复苏，夏奈尔套装和短的惊世骇俗的迷你裙装大肆流行；而经济衰退的时代，裙子往往变长，女性的优雅柔美受到重视，如20世纪30年代的经济危机和70年代的石油危机，均在裙长上有所体现。

裙长的大幅度起伏变化发生在20世纪，由世纪初的位于脚踝部位，上升到20世纪20年代的小腿中部附近，到60年代出现迷你风潮时，裙长抬升到大腿根部。其后又或

图8-11　前高后低及弧线形的裙底边

长或短反复交替出现，至70年代和80年代分别流行长裙和中长（Midi）裙，此时的裙长与60年代形成对比，90年代裙长重新恢复到膝盖以上，之后在膝盖上下徘徊。每年的时尚都会推出让人倍感新鲜的裙长。

作为影响时尚流行的一个重要标志，裙长由长变短，然后再由短变长，交替轮回出现。裙长的变化形成了相对应的设计风格，长至膝盖是严谨端庄的风格，而短至大腿根部则显得更青春和自由。

底边线除在长度上有所变化外，在形态上变化也很丰富，如直线形底边、曲线形底边、折线形底边、对称形底边、非对称形底边、平行底边、非平行底边等。由于底边线的丰富变化，使服装外形线也随之呈现多种风格与形状。

（四）围度

围度的大小对服装外形的影响最大。围度尺寸必须考虑适合下肢运动的功能需求，同时也会侧重装饰或迎合某种时尚潮流，这时常进行夸张性的设计。在西方16~18世纪不同时期的宫廷贵族女裙装，采用裙箍或鲸骨圈将裙身围度撑大，纤细的腰、庞大的裙摆，产生一种炫耀性的装饰效果。

围度的变化部位主要在臀部和底摆，如图8-12分别为窄裙、A型裙、宽摆裙的不同围度设计。

图8-12　窄裙、A型裙、宽摆裙的不同围度设计

三、外轮廓设计

服装的外轮廓设计也称外形线设计，服装的造型印象是由服装的外轮廓决定的。

对服装外轮廓的选择能够反映出穿着者的个性、爱好等，长、短、松、紧、曲、直、软、硬等造型，包含着审美感和时代感，折射出穿着者的审美和品位。外轮廓设计时可以从以下来考虑。

（一）设计视点

1. 体积

体积感可以从尺寸的松紧、长短，材料的软硬、厚薄等入手设计。如果上衣采用紧、小、短的尺寸，此时的上衣已将体积淡化，作为对应的下装，要以蓬松、宽大、深长，强调体积感的形式进行设计[图 8-13（a）]。

2. 对比

对比可以从上下装的长度差、宽度差、体积差、造型差等入手，同时也要考虑材料、色彩等其他因素对造型对比造成的影响。要把握好对比的强弱节奏，没有对比会太平淡，对比太强会太刺激，需要把握好对比的度。对比效果既可温和，也可强烈，如图 8-13（b）所示，这款服装在材料与面积上的强烈对比被和谐统一在华丽的造型上。

3. 体型

通过对比突出人体特定部位而掩饰和弥补人体不完美的部位。如图 8-13（c）所示，设计师对人体深刻理解，通过几何曲面构成和材料，完美表现了人体的形体特征。

4. 风格

在收集灵感素材构思设计之前需要对造型风格进行定位，这样会使设计方向更加明确。无论是创意类服装还是实用类服装，都有各自明显的风格倾向性，风格倾向性明显的服装比较更容易引起关注。

（二）廓型分类

1. 字母型

以字母命名服装廓型是迪奥首次推出。最基本的有五种，即 H 型、A 型、T 型、O 型、X 型。西方服装发展史中，研究者们经常用这些字母来描述服装造型变化，这些廓型被设计师们应用到现代服装设计中，按照字母分类，既简要又直观。

（a）

（b）

（c）

图 8-13　以体积、对比为设计视点

（1）H 型廓型：H 型廓型也称为矩形、箱形或布袋形。造型特点是平肩、不收紧腰部、筒形下摆。具有修长、简约、宽松、舒适的特点。从外形看，直身廓型即字母型中的 H 型和几何型中的长方形，感觉安定、自由、活泼、闲适。

20 世纪 20 年代，尤其是 1925 年，H 型轮廓非常流行，在西方服装史中曾象征为新女性的诞生。1954 年，迪奥在秋冬系列设计中推出了一款女装，不强调胸、腰、臀三围曲线，整个外观是字母"H"型，因此定名为"H 型"廓型。到了 1955 年，他先后推出"X"型和"Y"型等式样，标志着服装设计中"纯粹外形线"设计思想的形成。此后的十年间，迪奥每年都推出新造型，也见证了迪奥对现代时装的发展做出的不朽贡献。1957 年法国时装设计师巴伦夏加

再度推出 H 型，因为造型细长，强调直线，较为宽松，所以被称为"布袋"样式。H 型在 20 世纪 60 年代风靡一时，80 年代再度流行。

H 型经常被用于休闲装、运动装、家居服、男装和童装的廓型设计上（图 8-14）。

图 8-14　H 型廓型的服装设计

（2）A 型廓型：A 型廓型呈正三角形外形，具有活泼、年轻、流动感强，富于活力的特点。A 型是通过收紧肩部，使上衣合体，同时夸张下摆构成圆锥状的服装廓型。用于男装中，如披风、喇叭裤等，具有洒脱、阴柔的感觉；用在女装上，如披风、连衣裙等，具有稳重、端庄的感觉。

A 型廓型起源于 17 世纪的法兰西，第二次世界大战后，法国时装设计师迪奥于 20 世纪 50 年代根据当时女性的着装心理而推出的 A 型服装，从这一时期开始，A 型廓型在全世界的时装界都非常流行，在现代服装中也一直处于重要地位，被广泛用于大衣、连衣裙等品类的服装设计中，体现娴雅、舒适、年轻化的休闲风格。

A 型作为基本型可以有几种变形，常见的变形有：帐篷型、圆台型、喇叭型、正梯型等。其中帐篷型上紧下松，整体上身合体下摆展开给人感觉稳定，常用于大衣和斗篷设计。圆台型是由肩部至胸部或腰部较合身，自腰部向下展开，常用于晚礼服和长裙，是典型的西方传统廓型。喇叭型是上身为直筒型，臀部周围紧贴臀部以下展开，裙摆大幅度展开成喇叭状，给人优雅、高贵的感觉，图 8-15 为 A 型廓型服装设计。

（3）T 型廓型：T 型廓型类似于倒梯形或倒三角形，造型特点是肩部夸张、下摆内收形成上宽下窄的效果。具有大方、洒脱、男性化的特点。T 型廓型在第二次世界大战后曾作为军服的变形流行于欧洲，20 世纪 70 年代末到 80 年代初，曾再次风靡世界。时装设计大师皮

图 8-15　A 型廓型服装设计

图 8-16　T 型廓型服装设计

尔·卡丹（Pierre Cardin）将 T 型运用于服装设计，使服装呈现出很强的立体造型和装饰性。T 型多用在男装、较夸张的表演装、前卫服装设计中。用于男装，能显示出男子的健壮、威武、豪迈、干练的气质，如男西装的廓型；用于女装，可以表现出女性着装者的大方、精干、健康的风度，如巴尔曼（Balmain）的宽肩女装表现出强势的大女人气质。

T 型作为基本型，常见的变形有 V 型和 Y 型。其中 V 型是典型的倒三角形，通过夸大肩部袖山部位形态，收紧下摆，从肩部开始向裙子底摆收拢成倒圆锥状的服装廓型（图 8-16）。

Y 型廓型强调肩部夸张造型，向臀部方向逐渐收紧，下身紧贴，形成上大下小的服装廓型，给人以上身向外扩张而下身细长的视觉形象，1955 年法国著名设计师迪奥首创这一造型，Y 型常用于礼服设计中。

（4）O 型廓型：O 型廓型呈椭圆形，造型特点肩部、腰部以及下摆处没有明显的棱角，特别是腰部线条松弛，不收腰，整个外形饱满圆润，具有舒适、休闲、随意的特点。上下收口的短造型，形似灯笼，多用于夹克衫；长造型形似蛋型，夸张肩部和下摆弧线。O 型造型多用于休闲装、运动装以及家居服的设计中，还用于孕妇装和童装的设计中。时下流行的"大廓型"服装也常采用 O 型廓型，呈现一种随意、自在的休闲风格。O 型大衣饱满圆润，洒脱随意，创意服装也经常使用 O 型，体积感强，富有舞台效果，O 型常用于女冬装，感觉厚重温暖（图 8-17）。

（5）X 型廓型：X 型廓型是最具女性体征的线条，造型特点是根据人的体型塑造稍宽的肩部，收紧的腰部，自然的臀部，具有柔和、优美、女性味浓的特点。在经典、优雅、成熟女性风格服装中用的比较多。X 型产生于欧洲文艺复兴时期，是一种经典、复古的廓型，20 世纪90 年代曾再度流行。

X 型作为基本型，常见的变形：自然适体型、沙漏型、钟型。其中自然适体型是指肩部和臀部都自然随体，腰部合身但不贴体，线条自然舒适，适合于正常身材的人穿着。X 型女装外套高雅大方，收紧腰身的 X 型女上装尽显女性曲线，X 型作为一种复古廓型也常用于婚纱、礼服设计。沙漏型是夸张肩部，收紧腰部，下装比较贴体，能充分展示女性人体美的廓型，具有简洁、优雅的风格，适合于体型较理想的女性穿着，现代旗袍、芭蕾舞装都属此类。钟型是指腰部用大量束褶来扩张臀部而成钟型，外观壮大的裙子外形，具有庄重、严谨、柔和、优雅的风格特点，长的钟造型在欧洲多用于婚礼服和晚礼服（图 8-18）。

其他的字母廓型还有 V 型、Y 型、S 型等。

图 8-17　O 型廓型服装设计

图 8-18　X 型廓型服装设计

2. 几何形

几何形廓型有立体和平面之分，如三角形、方形、圆形、梯形等，属于平面几何形廓型，长方体、锥形体、球形体属于立体几何体廓型。

3. 物象形

迪奥的郁金香型、20 世纪 60 年代的酒杯型，还有埃菲尔铁塔型、圆屋顶型以及箭型、纺锤型等都是以物象形来命名，通俗、直观（图 8-19）。

郁金香型　　　喇叭型　　　　酒瓶型　　　　气泡型　　　　酒樽型　　　　酒杯型

图 8-19　物象形廓型

知识点导入

廓型的其他分类

（1）喇叭型：上半身呈长而直线的造型，裙摆在臀位处向外展开，形成向外的喇叭状。这种造型风格活泼奔放，多用于舞会服装设计。

（2）帐篷型：肩部紧窄，裙摆宽大，形成上大下小的造型，呈帐篷形状，斗篷和披风即是典型的帐篷造型。

（3）圆筒型：肩部和裙摆收紧，中间部分向外膨胀，类似圆筒。

（4）气球型：上半身呈圆形，下半身细长紧身，外观呈球的形状，如 20 世纪 80 年代流行的蝙蝠衫。

（5）磁铁型：肩部圆顺，上身微鼓，向下至裙摆逐渐收紧，外形呈马蹄铁形状。

（6）酒瓶型：上半身紧窄合体，下半身蓬松外展，呈酒瓶造型。

（7）酒杯型：肩部平直，向外加宽，上半身宽松，呈圆形，下半身紧窄合体，整个外观呈酒杯造型。

（8）陀螺型：上半身合身，下半身从腰部逐渐变宽，至下摆处收紧，外形呈陀螺状，是 20 世纪保罗·波列原创并流行于法国。

（9）沙漏型：腰身收紧，上下半身宽松，似沙漏造型。

（三）外轮廓设计方法

1. 空间坐标法

空间坐标法，是指在原型服装或标准人体的关键部位设立假想的、活动的空间坐标，并将坐标按照设计意图进行空间位置的移动。每一个关键部位都可以假设一个坐标，这些坐标移动后的轨迹就是所要设计的服装外轮廓造型。

原型服装是指根据标准人体设计的一般造型的服装，是空间坐标法借以利用的基础，有时，将用作参照的现有服装也称为原型服装，有些服装造型可以直接借助人体进行设计，利用人体成为原型。

所谓人体或服装的关键部位，是指反映服装造型特征之处，对人体而言，主要指颈点、肩点、胸点、腰点、臀点、膝点、腕点、肘点、踝点。服装的关键部位则在人体关键部位的相应之处。从实际情况出发，关键部位完全可以自行确定，作适当的增加或删减。如图 8-20 所示，图中的十字型就是对原型服装重新定位的假想坐标，黑色粗虚线是因此而得的新造型。

图 8-20 空间坐标法

2. 几何造型法

几何造型法是指利用简单的几何模块进行组合变化，从而得到所需要的服装造型。一般情况下，服装外轮廓可以分解为数个几何形体，尤其是服装正面剪影，变化再大也是几何形体的组合。

几何模块可以是平面也可以是立体。具体做法：用纸片做成简单的几何形，如：圆形、椭圆形、正方形、长方形、三角形、梯形等，将这些简单几何形在与之相当比例的构画出来的人体上进行拼排，直到出现满意的造型为止，此时，这个造型的外边缘就是服装的外轮廓造型，必要时还需做适当修改（图 8-21）。

几何造型法的优点是不以某个造型为原型，设计的自由度非常大，经过一番随心所欲的组合拼排，有时会得到意想不到的结果。

图 8-22 以几何造型法进行造型设计。即使用单纯的几何形构造服装也能得到丰富的效果。

图 8-21 几何造型法

3. 直接造型法

直接造型法是指运用布料在人体模型或模特儿身上直接造型。借鉴立体裁剪中的原理，一般不剪开布料，只是用大头针别出和固定造型，取得外轮廓的效果，随后记录下这种效果。被誉为"20世纪时装界巨匠"的巴伦夏加就擅长在模特儿身上利用布料的性能来进行立体裁剪和造型，被称为"剪刀魔术师"。

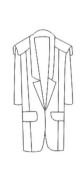

图 8-22 几何造型法进行造型设计

第二节　服装结构线设计

一、服装结构线的概念

　　除前面提到的服装外形轮廓线以外，结构线还体现在服装的各个拼接部位。构成服装整体形态的线，有接缝线、分割线、省道线、褶裥线、装饰线等。正确利用服装造型中结构线的设计，是一个专业服装设计师必备的能力。服装款式设计就是运用这些线来构成繁简不同的服装形态，创造出各式的服装。

二、服装结构线的特性

（一）具有舒适、合身、便于行动的功能
　　服装结构线是依据人体及人体运动而确定的，因此应具有舒适、合身、便于行动的功能。

（二）使服装具有装饰感与和谐统一的风格
　　服装中的缉缝线、省道线、褶裥线虽然外观形态不同，但在构成服装时的作用是相同的，就是使服装各部位结构合理、形态美观，达到适应人体和美化人体的效果。
　　服装的结构线是由以下三种线结合而成，即直线、弧线和曲线。

（三）呈现一定的塑形性
　　服装的塑形性能与材料性能密切相关，制作服装的各类材料，都以自身的塑形性和悬垂性决定服装的不同状态，如丝绸面料柔软飘逸，呢绒面料坚挺而滞涩。对于不同塑形性能的材料，结构线的处理方法也不同。因此，设计服装时应充分了解材料的特性并充分展示材料的这些特性，使结构线与材料相互间取得平衡，并与整体轮廓线保持协调一致。
　　人体的最突出部位有：胸乳点、肩胛点、盆骨点、臀高点。这些最高点正是省的始点，从这些点呈放射状取省道，终点可以结束在肩、侧缝、腰围、领口和袖窿等边缘线处。虽然这些省道位置不同，但它们具相同的功能，给服装塑形。
　　与省道具有类似功能的还有断缝线。断缝线可依需要而定。如果是丰满体型，服装多采用纵向断缝线，线条尽量取直，成衣后，会减少臃肿的视觉感；如果是纤细体型，服装多采用横向断缝线或取弯度较大的纵向断缝线，以弥补纤瘦体型的不足；不对称的断缝线设计能掩盖身材不端正的缺陷，利用人的视错觉使人体的某部位或高或低，或宽或窄，改变其形状，达到美化的目的。

三、服装结构线的种类

（一）省道线

省道是可以围绕某一点进行转移的，形状近似三角形。人体各部位的省道分别称为：胸省、腰省、臀省、背省、腹省、肘省等。

1. 胸省

胸省是以胸部乳高点为中心，向四周做省道。胸省可根据服装造型设计的需要，选择合适的省位，进行多种形式的变化。在女装中，胸省是重要的造型线。有时为保持胸部衣料纹样的完整或使前胸的曲线起伏更为突出优美，也常运用腰省配合进行造型。

2. 臀位省

人的体型特点是腰部较细、臀位较宽，尤其是女性更为明显，臀部突起，小腹微微隆出。因此服装在这些部位进行曲线表现时通常需要在裁片的腰部、腹部、臀部作适当的省道，使裙、裤更适体。连衣裙因衣片与裙片连在一起，上衣的胸省与裙子的腰省、臀省都会出现，这时需考虑外观造型是否优美适体进行省道设计。

省道无论怎样变化，两条省边线的长度必须相等，面料上若有规则而清楚的图案或条格，在省道的选择上要特别谨慎，否则会破坏面料本身的美；设计前，要事先了解面料的组织结构、经纬纱线方向，若处理不当，会影响服装的牢度及外观；考虑到人的活动幅度及优美的外观，胸省省尖点设计应稍离开胸乳点，根据省位的不同，这个离开的尺寸会有所不同。

（二）分割线

分割线是从造型美出发，把衣服分割成几个部分，然后缝制成衣，以求适体、美观。分割线可分为六种基本形式：垂直分割、水平分割、斜线分割、曲线分割、曲线变化分割、非对称分割。

1. 垂直分割

服装的垂直分割线具有强调高度的作用。由于视错的影响，面积越窄，看起来显得越长；反之面积越宽，看起来就显得越短。垂直分割使服装形成面积较窄的几个部分，给人以修长、挺拔之感。垂直分割往往与省道线结合在一起，公主线就是省道线的延伸。

2. 水平分割

水平分割有加强幅面宽度的作用。服装上的水平分割线给人以柔和、平衡、连绵的印象；横向分割越多，就越富于律动感，因此，设计服装时，常使用横向分割线作为装饰线，并加以滚边、嵌条、缀花边、加荷叶边、缉明线等工艺手法，以取得活泼优美的服饰美感。如图 8-23 分别为垂直分割、水平分割的窄裙和连衣裙。

3. 斜线分割

斜线分割的关键在于倾斜度的把握，斜度不同则外观效果不一。接近垂直的斜线分割比垂

图 8-23　垂直分割、水平分割的窄裙和连衣裙

直分割线的高度感更为强烈；而接近水平的斜线分割线则感到高度减低、幅度见增；45°的斜线分割线不显长也不显宽，具有掩饰体型的作用，故对于胖型或瘦型人体都很适宜（图 8-24）。

图 8-24　斜线分割

设计服装时使用斜向分割线是隐藏省道的最巧妙方法。一般情况下，人们只注意斜向的装饰效果，而忽略了斜线内的省道作用，因此合理使用斜线，能使服装更贴身合体，造型优美，富于立体感（图 8-25）。

4. 曲线分割

曲线分割、垂直分割、水平分割的原理相同，在胸省、腰省、臀省设计时，以曲线取代短而间断的省道线，具有独特的装饰作用（图 8-25 右侧连衣裙）。

图 8-25　斜线分割和曲线分割的连衣裙

5. 曲线变化分割

曲线变化分割是一种结合人体的省道，将曲线分割与垂直线、水平线、斜线交错使用的分割方法。变化分割的曲线使人感到柔和、优美、多变。如将这些具有装饰性的曲线变换色彩或以不同的织物面料相拼，则会产生活泼、生动、有趣、对比的强烈效果。

使用曲线变化分割须注意面料的质地与组织。组织过松的斜向布纹，其布边易散开或卷边；质地过于轻薄或悬垂性强的织物，因缝线与织物的受力不匀易造成服装表面不平整，不宜使用这类分割形式。如图 8-26 为垂直线、斜线、曲线交错使用的曲线的变化分割。

6. 非对称分割

非对称分割的设计，通常所见是色彩和局部造型的非对称变化。非对称分割的使用是在平稳中求变化，使人感到新奇、刺激。同时，非对称分割设计可以把省道转移至分割线内，但有难度，最能考验结构设计能力。省道隐藏得巧妙，是服装结构设计的一种技能。如图 8-27 所示，为非对称分割在服装造型中的运用，给人以新奇多变的视觉效果。

图 8-26　曲线的变化分割　　　图 8-27　非对称分割

（三）褶

褶是服装结构线的又一种形式。它将布料折叠成多种形态的线条状，外观富于立体感，给人以自然、飘逸的感受。

褶在服装中运用十分广泛，女裙装、童装常被使用。褶可以增加服装的舒适度，以适应人体活动的需要，补正体型的缺陷，同时也可作为服装装饰之用。褶可分为三类：褶裥、细皱褶和自然褶。

1. 褶裥

褶裥是把布折叠成一个个的裥，经烫压后形成有规律、有方向的褶，然后再进行不同方式的缝制，分为顺褶、工字褶、缉线褶（明线褶、暗线褶）。褶裥通常顺垂直布纹折叠，也可沿45°斜线折叠。

褶裥的线条刚劲、挺拔、节奏感强。常用于百褶裙、网球裙设计，活褶或与缉线褶交错，或宽或窄；条、格、点等几何图案的面料折叠成褶裥，可产生韵律感（图 8-28）。

2. 细皱褶

细皱褶是以小针脚在布料上缝好后，将缝线抽紧，使布料自然收成细小的皱褶。线条给人以蓬松、活泼的感觉，选用柔软轻薄的面料缝制细皱褶，效果较佳（图 8-29）。细皱褶在女装与童装中运用较多。

橡筋皱也是一种细皱褶的形式，它通过橡筋的收缩形成皱褶，也可用橡筋线作车缝底线收褶。橡筋皱松紧自如，通常应用在衣领、袖口、腰部等处。

图 8-28　褶裥连衣裙　　　图 8-29　细皱褶圆台裙

3. 自然褶

利用布料的悬垂性及经纬线的斜度自然形成的褶称为自然褶。自然褶适用范围很广，活泼、浪漫，具有较强的仿古希腊、古罗马风格的服装，在立体裁中应用较多（图 8-30）。

图 8-30　自然褶的款式

四、服装结构线设计

服装结构线设计即服装内部造型设计，也就是服装外轮廓以内的零部件的边缘形状和内部结构的形状。如领子、口袋、裤襻等零部件和衣片上的分割线、省道、褶裥等内部结构均属内轮廓设计的范围。

服装的内部造型可以增加服装的机能性，也能使服装更符合形式美原理。

内轮廓处理好坏是设计功力深浅的具体表现。一般来说，外轮廓变化余地不如服装内轮廓变化的余地那么大，那么多样，内轮廓设计要更纤巧、细致，更能反映设计者独到的匠心。

从理论上讲，一套服装的外轮廓只有一个，在这个外轮廓里的内轮廓处理却有无数种可能性。如图 8-31 为内轮廓处理较为复杂的结构线设计。

图 8-31　复杂的结构线设计

（一）服装内轮廓的设计视点

1. 位置

内轮廓处于服装中的哪个位置十分重要。一个普通的零部件，会因为位置的变化而产生不同的效果，或新颖巧妙，或保守中庸，或怪诞离奇。位置包括高低、前后、左右、正斜、里外等内容。如图 8-32（a），造型普通的款式，由于拉链和口袋位置的不同显得十分别致。

2. 形态

即使内轮廓的造型决定以后，究竟采用何种形态表现是设计师应该十分重视的问题。例如，决定用一个小方领作为某件衣服的领型，那么，这个小方领是硬是软、是厚是薄、是皱是挺呢？形态包含了造型，比造型传达的情感更加丰富多样。形态一般包括软硬、厚薄、皱挺、飘直、光糙、实透等内容。如图8-32（b）所示，造型相似的上装由于表面处理手法的不同而显示出各异的形态。

3. 工艺

许多独特的内轮廓设计是通过工艺手段体现出来，因此，工艺手段是个必须重视的设计角度。设计一个零部件，首先要看工艺是否可以达到预期效果。工艺一般包括：裁剪、手针、熨烫、刺绣、印染、编织等类别，还有镶嵌、滚边、缉线、做缝、贴布、盘花、包梗等特色工艺。如图8-32（b）中的珠片镶嵌的外套。

（a）别致的拉链设计　　　　（b）造型相似形态不同

图8-32　内轮廓的位置

4. 附件

服装附件是服装辅料中的一部分，种类繁多且功能不同，恰当的在整体造型中加入附件，不仅可以增加服装的功能，也会使服装更具美感。

附件一般包括：带、绳、扣、钩、纽、襻、拉链、花边、挂件等。如图8-33所示，附件装饰是强调内轮廓造型经常采用的手法。

图8-33　附件装饰

（二）服装内轮廓设计方法

1. 变形法

变形法是指对原有内轮廓的形状进行变化，即把原有内轮廓作为设计原型进行一些符合设计意图的处理。如进行挤压、拉伸、弯曲、扭转、切开、折叠等处理，原型将会随之变化。变形法可以保留原型中的所有部分，只是对其造型进行改变。例如，原型是双嵌线有袋盖和袋纽的外贴袋，设计时可以保留这些东西，仅对其位置、形状等因素改动；也能对原型中的东西做加减处理，例如，在上述外贴袋上增加一根拉链或去掉一只袋盖等，这样会使设计更加灵活，效果更加多样。如图3-34（a）所示，对该款服装的口袋进行变形即可得到多种不同的效果。

（a）变形法　　　　（b）移位法

图8-34　内轮廓设计方法

2. 移位法

移位法是指对设计原型的构成内容不作太大改动，只做移动位置的处理。在一件衣服中，口袋是一个局部造型，在不改变其造型的情况下，将口袋转移到新的位置，就有设计意义。如图8-34（b）所示，将原来的领口移作袖口，原来的袖口移至领口，再开出一个袖口，并顾及人体和服装的特征作些调整，是这件上装的设计思路。

3. 实物法

实物法是指用服装材料在实践过程中直接成型。类似于立体裁剪，但它是有限的立体裁剪或局部的立体裁剪。

（三）服装的外轮廓和内轮廓的关系

一般来讲，外轮廓造型决定内轮廓造型。外轮廓宽松夸张，内轮廓（至少是部分主要的内轮廓）也应该是宽松夸张。外轮廓采用何种造型风格，内轮廓的造型风格应该与之呼应。

内轮廓之间的造型要相互关联，不能各自为政，造成视觉效果紊乱。例如，尖领与圆口袋、飘逸的裙摆与僵硬的袖子等，会使观者产生不协调的感觉。各部分之间的材料、工艺等可以影响外观效果的因素也应注意协调。

以上的统一协调是一般的设计要求，有些设计却故意强调矛盾感和对比感，形成比较少见而新奇的效果，一些带有荒诞意识的前卫服装，强调内外造型、材料、工艺上的对比，效果刺激，形式反叛。

要强调外轮廓的庞大，必须采用形成扩散状的重叠的内轮廓，不断作堆积和折褶处理，使内外轮廓统一协调（图8-35）。

图8-35　服装外轮廓和内轮廓的关系

第三节 服装廓型感度分析与运用

一、服装廓型感度分析

服装廓型可以表现出造型轮廓的线性特征，根据不同面料的选择，整体呈现出不同的廓型特征，面料的色彩、图案、质地等感度都会对相同造型的外轮廓产生影响从而形成不同的视觉效果。表 8-1 选择六种典型感度的廓型进行分析说明。

表 8-1 服装廓型感度分析

职业、中性、简约、都市感的廓型：廓型较为适体，线条简洁，选择挺括感的面料，黑灰色、冷色、米色，几何图案，表现出职业、中性、简约和都市感	运动、未来、现代、活力感的廓型：廓型较为适体，强调人体的线条感，选择具有弹性或挺括感的面料，撞色设计，表现出运动、未来，现代和活力感

自然、回归、乡村、民族感的廓型：廓型较为宽松，表现较为自由的线条，选择较为柔软的面料，印花或小格纹图案，表现出自然、回归、乡村和民族感	复古、贵族、奢华感的廓型：廓型较为多变，表现为宽大的大廓型，也可表现适体的廓型，强调人体的线条感，选择裘皮、丝绸、皮革等具有奢华感的面料，表现出复古、贵族和奢华感

续表

柔美、传统、雅典感的廓型：廓型较为适体，强调人体的柔性线条感，选择柔软感的面料，粉灰色调，表现出柔美、传统和优雅感	摩登、性感、张扬感的廓型：廓型较为适体，强调人体的线条感，在局部进行较为夸张的造型设计，选择硬挺感、光泽感的面料，表现摩登、性感和张扬感

二、廓型特征与面料选择

服装廓型除了通过造型线条进行表现外，其特征还受到面料质地的影响。不同面料有不同的质地和视觉效果，如肌理感、光泽度、图形感等。硬挺的面料线条感干脆、利落，服装的廓型也会呈现出利落、硬挺的线条。飘逸、柔软的面料表现的服装廓型也会让人感觉线条柔软、飘逸，具有女性的性感。因此，不同面料特性会产生不同的服装廓型形态。表 8-2 将典型廓型特征与相应的面料选择进行图例说明。

表 8-2　服装廓型特征与面料选择

硬廓型：廓型呈现硬挺、利落的线条，一般选用质地紧密、纹路清晰，有一定挺括感的面料，如斜纹牛仔布，质地紧密的化纤织物等	软廓型：廓型呈现柔软、和顺的线条特征，一般选用质地疏松、手感柔软、悬垂性好的面料，如柔软的真丝素缎、质地疏松的毛织物、针织物等

续表

| 轻柔廓型：廓型呈现出轻盈、柔和、自然贴体的线条，一般选用质地疏松，较为柔软的面料，如丝绸、针织物、薄型且质地疏松的棉、毛织物等 | 繁重廓型：廓型整体感觉较为庞大，呈现出厚重的线条特征，一般选用中厚型或能体现一定体积感的面料，如厚型呢绒、绗缝织物等 |

三、廓型组合分析与运用

服装设计中的廓型特征表现来自于单品与单品间廓型的组合。设计过程中的廓型往往表现出一种服装的整体造型特征，是由不同款式的穿戴搭配组合而成。最基本的廓型可理解为连衣裙的样式，最简单的廓型由上下装组合穿搭在一起形成整体廓型。服装设计中，对廓型的设计首先要有整体廓型的概念，在此基础上，对上装廓型、下装廓型进行展开设计。廓型的整体造型设计是通过单款廓型来实现。在廓型的表现过程中，合理的面料选择与运用会对廓型产生影响。如表 8-3 中女装的廓型组合设计，结合款式图分析单款廓型与整体廓型之间的关系。

表 8-3　服装设计中的廓型组合分析

款式效果	款式图	设计说明
		此系列整体为都市优雅风格，需对应较为柔和的廓型进行表现。在单款廓型设计时紧紧围绕整体廓型进行展开：上下装以较适体造型为主，如 X 型、T 型上衣搭配 H 型裤及连衣裙；面料采用悬垂性好的真丝绸缎类，使整体服装呈现女性柔美

第四节 服装造型设计的实践应用

实践训练

运用适当的内、外轮廓设计方法设计一组服装，通过上、下及内、外服装组合进行数组整体廓型设计，并对其进行针对性的面料设计和选择。

训练 1

作品灵感来源于水果糖，将水果糖包装纸呈现出的随意的褶皱及缤纷色彩感运用于造型中，如衣袖、门襟、底摆等处的褶裥设计。如图 8-36 所示，外轮廓采用几何法进行设计，第一组服装通过 O 型外套上衣，H 型下装裙进行廓型组合，整体呈现 T 型，内部结构采用分割线进行拼接设计，通过变形法和移位法使整体风格呈现摩登、性感、张扬的廓型。廓型较为适体，强调人体的线条感，在局部进行较为夸张的造型设计，可选择硬挺感、光泽感的面料，表现摩登、性感和张扬。整体呈现繁重廓型，感觉较为庞大，呈现出厚重的线条特征，一般选用中厚型或能体现一定体积感的面料，如厚型呢绒、绗缝织物等。

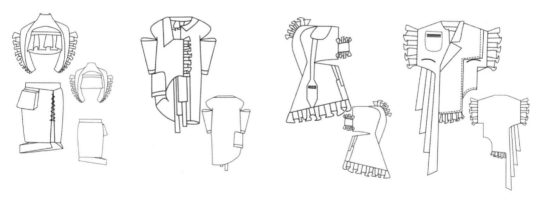

图 8-36　内外轮廓设计 1

训练 2

如图 8-37 所示，外轮廓采用几何法进行设计，通过 H 型外套上衣，T 型下装裤进行廓型组合，整体呈现 T 型，内部结构多采用分割线进行拼接设计，整体风格呈现运动、未来、现代、活力感的廓型。廓型较为适体，可选择具有弹性或挺括感的面料，撞色设计。廓型呈现硬挺、利落的线条，一般选用质地紧密、纹路清晰，有一定挺括感的面料，如斜纹牛仔布，质地紧密的化纤织物等。

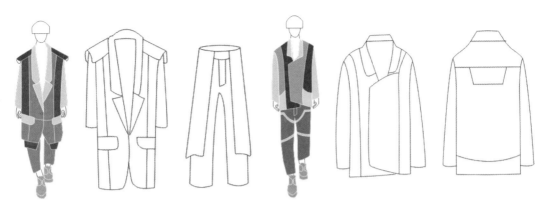

图 8-37 内外轮廓设计 2

训练 3

如图 8-38 所示作品中外轮廓采用空间坐标法进行设计，内轮廓设计视点放在位置的改变上，采用变形和移位的设计方法使整体风格呈现运动、未来、现代、活力感的廓型。廓型较为适体，撞色设计，可选择具有弹性或挺括感的面料，一般选用质地紧密、纹路清晰的面料，如斜纹牛仔布，质地紧密的化纤织物、混纺面料等。

图 8-38 内外轮廓设计 3

训练 4

灵感源于旧牛仔服及传统蓝染工艺。如图 8-39 所示作品，第一组服装通过 H 型外套上衣，T 型背心，A 型连衣裙进行廓型组合，整体呈现 H 型；第二组服装上衣采用 H 型，连衣裙采用 X 型，上下装进行廓型组合，整体呈现 X 型；第三组服装长款卫衣采用 H 型，短马甲采用 T 型，上下装进行廓型组合，整体呈现 H 型。整体内部结构采用分割线设计，通过变形法和移位法使整体风格呈现摩登、性感、张扬的廓型。廓型较为适体，强调人体的线条感，在局部进行较为夸张的造型设计，选择硬挺感、光泽感的面料，主体面料选用质地紧密、纹路清晰，有一定挺括感的斜纹牛仔布，结合质地疏松的针织面料在局部使用乔其纱等柔软面料进行搭配。

图 8-39　内外轮廓设计 4

训练 5

灵感源于电影《大鱼海棠》。如图 8-40 所示，作品中第一组服装通过 H 型外套上衣，A 型腰裙进行廓型组合，整体呈现 X 型；第二组服装短上衣采用 T 型，腰裙采用 A 型，内搭 H 型短衬衣，上下装进行廓型组合，整体呈现 X 型；第三组服装衬衣及牛仔外套采用 H 型，腰裙采用 A 型，上下装进行廓型组合，整体呈现 H 型。三组服装内部结构采用分割线设计，整体呈现自然、回归、乡村、民族感的视觉效果，廓型硬挺、线条利落，主体面料采用薄型牛仔面料，搭配真丝欧根缎、欧根纱面料，印花图案。

本章小结

● 服装造型设计，通常指款式设计，款式设计是指服装外轮廓的变化和整体结构造型，是服装设计的主要内容，包括外轮廓线设计、内部结构线设计、部件设计等方面。一般来讲，外轮廓造型决定内轮廓造型。内轮廓之间的造型要相互关联，不能各自为政，造成视觉效果紊乱。

● 服装外轮廓不仅是单纯的造型手段，也是时代风貌的一种体现。纵观中外服装发展史各时期的经典服装样式，其中服装外形轮廓的变化，蕴含着深厚的社会内容。外轮廓变化的主要

图 8-40 内外轮廓设计 5

部位是肩、腰、底边和围度。外轮廓设计时可以从体积、对比、体型、风格来考虑。以几何字母命名服装廓型既简要又直观，常用的字母廓型有 H 型、A 型、T 型、O 型、X 型等廓型。外轮廓设计方法包括空间坐标法、几何造型法、直接造型法。

● 服装内轮廓设计即内部结构线设计，是指体现在服装的各个拼接部位，构成服装整体形态的线，主要包括省道线、分割线、褶裥等。服装款式设计就是运用这些线构成繁简不同的形态，利用服装美学的形式法则，创造出各式服装。内轮廓的设计视点包括位置、形态、工艺、附件等。外轮廓设计方法常用的有变形法、移位法、实物法。

● 服装廓型可以表现出造型轮廓的线性特征，根据不同面料的选择，整体呈现出不同的廓型特征，服装廓型除了通过造型线条进行表现外，其特征还受到面料质地的影响，不同面料特性会产生不同的服装廓型形态。另外，服装设计中的廓型特征表现来自于单品与单品间廓型的组合。设计过程中的廓型往往表现出一种服装的整体造型特征，是由不同款式的穿戴搭配组合而成。

思考题

1. 收集 20 世纪曾经流行过的服装经典样式，分析其外轮廓及面料特点。要求：图片清晰，款式典型，文字简洁，对图片背景、款式、面料等进行说明。

2. 服装外轮廓设计的方法有哪些？请分别运用适当的外轮廓设计方法设计一组服装，并对其进行针对性的面料设计和选择。要求每组 5 款以上，分别运用不同的外轮廓设计方法，通过款式图或者效果图来体现。

3. 选择一组基本款式，对其进行内部结构线的设计，并对其进行针对性的面料设计和选择。

要求每组至少 5 款，分别运用不同种类的结构线进行设计，并对款式、面料等进行说明，通过款式图或者效果图来体现，注意整体服装风格的统一性。

4.通过上、下及内、外服装组合进行数组整体廓型设计。要求每组至少 5 款，层次丰富，面料种类多样，并对款式、面料等进行说明，通过款式图及效果图来体现，注意整体服装风格的统一性。

第九章
服装部件的造型设计

课题名称：服装部件的造型设计

课题内容：服装衣领造型设计

服装袖子造型设计

服装口袋造型设计

服装连接设计

服装其他部件的造型设计

服装部件造型的实践应用

课题时间：10 课时

教学目的：部件设计既能丰富服装的结构，又增加装饰趣味，是服装设计的一个重要环节。设计者对服装不同部件要有一定的感知能力。理解服装领、袖及各部件造型与服装整体造型之间的关系，并能对服装领、袖及各部件的造型有一定的设计能力。

教学要求：1. 掌握服装的领、袖和各部件的分类及造型特点。

2. 注意部件设计时的装饰性与功能性的统一。

3. 注意整体协调性。

课前准备：查阅服装史及服装面料相关资料；收集流行款式。

在服装款式、色彩、面料设计的同时，要重视服装部件和细部的设计，往往成衣的特色会出现在部件或局部设计中，例如，领型的变化，口袋造型的改变，甚至一个商标装饰位置的改变，都可以使一件服装更具特色。

服装部件是指与主体服装相配置和相关联的组成部分，一般包括衣领、衣袖、口袋、腰头等。服装的部件结构与服装的主体结构构成了服装的完整造型。服装的部件除了具有特定的服用功能之外，对于服装的主体造型还具有一定的装饰性。

第一节　服装衣领造型设计

衣领是服装上至关重要的部分，其设计是服装的面容设计，因为离面部最近，所以格外醒目，对穿着者的脸部有衬托和修饰作用。

衣领只为服装的上装所有，是构成服装的一部分，处于人体颈脖周围，衣领设计通常参照人体颈部的四个基准点即颈前中点 A、颈侧点 B、颈后中点 C、肩端点 D。颈前中点在锁骨中心凹陷的部位；颈侧点在前后颈宽中间稍靠后的部位；颈后中点在后颈椎的突起部位；肩端点在肩臂转折处凸起的点（图9-1）。

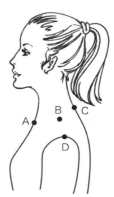

图9-1　颈部基准点

一、衣领的功能

（1）防风保洁的作用；

（2）御寒保暖的作用；

（3）透气散热、调节体温的作用；

（4）协调和平衡服装主体形态的作用；

（5）装饰和强调服装造型的视觉艺术效果的作用。

二、衣领的构成

衣领是服装上重要的部分，造型丰富，变化多样。衣领包括领圈、领座、翻领。

三、领子的造型分类及处理

（一）无领

无领是一种无领座、无翻领，只有领圈的领型，它是直接以领圈线造型为基础的领型，既可与领座、翻领构成衣领，也可单独成为领型，并可在领圈线上进行各种工艺修饰，如包边、镶牙边、缀花边等。领圈线开口的大小和形状的变化，可产生不同的风格以适应各类服装的需要。

无领与其他领型不同的是没有相对严格的尺寸要求，与主体服装造型之间是一种较为松散的关系，所以，其造型的自由度较大。然而，正是由于这种特征，在处理领型的大小、高低与主体服装的造型关系时，就更加需要精心把握。无领在工艺处理上较简单，可采用多种的工艺和装饰方法，如向内、向外翻边；用不同色彩或不同质感的面料滚边、镶饰各种效果的花边等。无领多适用于女性的衬衫、内衣、连衣裙、礼服等领型的设计，呈现出简洁、整体的穿着效果。

无领就其开口大小和形状的变化可分为：一字领、圆形领、V型领、方形领、梯形领、船形领等。

1. 一字领

一字领，领圈线的前中心点较高，一般略高于颈窝点，横开领较宽大，后领线裁成一字形，前领线略成弧形，穿着后领线基本呈水平状态。前横开领开口比较大时给人以妩媚、充满青春活力之感（图9-2）。

图9-2 一字领

领圈横向开口的量根据设计而定，若开得太大前身的余量就会在领口处不平服，应适当减少前横开领的宽度。

2. 圆形领

圆形领，是在服装原型领圈线的基础上作一些变动裁剪而成的，是与人体颈部自然吻合的一种领型。圆形领自然简洁，优雅大方，穿脱方便，适用范围广。对圆形领的结构设计有较高要求，若领圈线设计不当，就会出现不平服等结构问题。圆形领适合大多数类型的脸型（图9-3）。

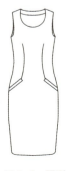

图9-3 圆形领

3. V型领

V型领，适用范围较广，从休闲装到正装都可以使用。常用在毛衣、衬衣、贴身衣等服装上，具有轻便、大方之感。

V型领底部呈尖锐的锐角，给人以严肃、庄重的感觉；V型领显得脖子长，比较适合宽胖脸型，改变V型领的大小宽窄，会产生不同的风格，小V型领给人以文雅秀气之感，大V型领使人显得活跃大气（图9-4）。

4. 方形领

方形领，特点是领圈线比较平直，可与弧线相结合。领口可有大小不同的变化，小领口显得相对严谨，大领口大方、高贵。方形领适合长脸型，不适合宽胖脸型（图9-5）。

5. 船形领

船形领与一字领有些相似，不同之处是领圈在肩颈点处高翘，前胸处较为平顺，中心点相对较高，所以船形领在视觉上感觉横向宽大，雅致洒脱，多用于针织衫、休闲装等。如果把船形领的前领圈线提高，横开领加大，就会变成一字领（图9-6）。

6. 其他领圈

还有一些花式领圈，如桃形、多边形（图9-7）等，各种曲线形式的领圈显得优雅、华丽、可爱；直线形式的领圈相对严谨、简练。领圈较大显得宽松、凉爽、随意；领圈较小的相对拘谨、严正、正规。

图9-4 V形领

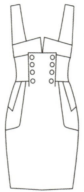

图9-5 方形领

图9-6 船形领

图9-7 多边形领圈

（二）立领

立领是一种没有领面，只有领座的领型。特征是垂直围于颈部，造型上给人以挺拔、严谨、庄重的感觉，如旗袍领、中装立领、学生装领。立领根据领座的造型可分为竖直式立领、倾斜式立领。

1. 竖直式立领

竖直式立领，领座紧贴颈部周围，这种领型是典型的东方风格立领，中式立领大多属于竖直式立领，这种立领与脖子之间的空间较小，显得比较含蓄内敛。

2. 倾斜式立领

倾斜式立领，领座与颈部有一定的倾斜距离。欧洲国家的立领大多倾向于倾斜式立领，领型挺拔夸张，豪华优美，装饰性极强。

立领在领型的处理上变化较多，其领尖可以是方形，也可以是圆形，还可以设计成不规则形。立领在与主体服装造型相协调和相统一的前提下，可随意变化领型的形态，以丰富服装的造型风格。立领的领口多呈封闭型，具有防风保暖性能，多用于秋冬季服装设计。

在现代服装设计中，立领的运用和处理，很多已脱离了过去的模式，不断有新的变化。例如，在设计上将立领离开颈部一定的距离，使之处于颈部与肩头之间，领的外口线呈波浪形；将立领设计成盘式造型，下小上大，逐渐向外倾斜，盘式造型立领将脸部托出，使穿着效果富于变化，产生极强的装饰情趣（图9-8）。

由立领可引申出丰富多样的变化形式，主要可归纳为：翻卷立领、蝴蝶结领、飘带领等。翻卷立领是一种感觉柔和的立领，可理解为由宽的立领往下翻折而成，紧贴颈部的形状，显得比较严谨、理性；也有远离颈部的形状，显得较为随意、浪漫。一般将布料斜裁，形成流畅、松软的领子造型。

竖直式立领　　　　　　　　　　倾斜式立领

图9-8　立领

（三）连衣领

连衣领，在造型上与立领有相似之处，但就其结构立领与服装的主体造型是分裁再组合，而连衣领与服装主体造型是一体的，就是从衣身上延伸出来的领子，通过收省、捏褶等工艺得到与颈部结构相符合的领型。常用于女装上衣、外套及冬装大衣上。造型特征为含蓄、典雅、干练。

连衣领变化范围较小，因其工艺结构有一定的局限性，造型时为了使衣领符合颈部结构，需加省、捏褶，而且要考虑面料的造型性能，太软的面料挺不起来，需要一定的工艺手法支持，但要考虑领与颈部的接触，面料也不宜太硬（图9-9）。

图9-9 连衣领

（四）翻领

翻领是领面外翻的一种领型，翻领可分为无领座、有领座和只有后领座三种，男衬衣领一般是有领座的翻领，女式衬衣领一般采用无领座翻领。

男衬衫的款式较为固定，变化集中在领型的设计上。男衬衫领的领型通过细微的变化体现男性的性情、气质的差异和流行性。

翻领的前领角是款式变化的重点，可设计成尖角、方形、抹角等形状。一些形状奇特的翻领如大翻领或波浪形领，主要是依靠衣领轮廓线的造型变化而产生。翻领设计中要注意翻折线形状，翻折线位置找不准，翻折的衣领就会不平整（图9-10）。

图9-10 翻领

（五）翻驳领

翻驳领是前门襟敞开呈 V 字型的西式服装的领型，它由领座、翻领和驳头三部分组成。翻驳领泛指西服的领型，特点是其领面比其他领型的领面大，并且线条明快、流畅，在视觉上常起到一种阔胸宽肩的作用，配合西服造型的简练、大方的结构特征，给人以潇洒、精干的感觉（图 9-11）。

图 9-11 翻驳领

西服有着相对稳固的造型风格，其可变因素主要在衣领的造型形式上，因此，翻驳领具有多种的造型形态，包括领面的宽窄变化；衣领开门的深浅变化；领口的大小变化；衣领凹口角度的变化；领座与翻领长短的变化；领边线条变化等。

双排扣西服的戗驳领属于翻驳领的一种，其特征是在领座与翻领相交凹口形态上的变化，由于双排扣西服方正和规整的造型，使得戗驳领更加醒目，更具装饰效果。没有领嘴的驳领称为青果领（也称为敞领），如围巾领、披肩领等，其轮廓线可采用椭圆形、尖角的披肩形等不同的形式，从而获得领型的款式变化。

青果领是翻领与衣片领口缝合，驳领由衣片的过面翻出而形成。如青果领、丝瓜领、燕子领等，特点是翻领领面与驳领领面间没有接缝，领子与过面连为一体，领里与衣片分开，有接缝，领里与衣片的接缝形状比较灵活。只要不影响外观造型，领里直开领的深浅及领口形状的方圆平斜可根据工艺而定（图 9-12）。

图 9-12 青果领

在西服的造型中之所以大量采用翻驳领的领型，一方面是长期以来约定俗成的审美共识所致；另一方面与西服的面料和工艺有着直接的关系。西服多用挺括柔韧的毛料经过精细的工艺加工而成，翻驳领修长的线条与毛料柔韧的肌理有机地融为一体，西服高雅、庄重的着装效果被恰当地体现出来。翻驳领除用于西服外，还广泛运用于大衣、风衣、西服式外套、西服式夹克等。服装造型中，由于运用翻驳领造型，增加了整体的规整和庄重之感。

图9-13 立驳领

> **知识点导入**
> 立驳领是指立领与驳领相结合的一种领型。兼具立领的简洁和驳领的洒脱，受到中老年人喜爱（图9-13）。

（六）坦领（趴领）

坦领是一种没有领座的领型（或领座不高于1cm），其前领自然服帖于肩部和前胸，后领则自然向后折叠服帖于后背。坦领在服装设计中可以产生多种形式的变化，领面的尺寸可根据服装主体造型的需要进行宽窄、大小的变化。坦领的造型线条看上去舒展而柔和。一般用于童装和女装中（图9-14）。

图9-14 坦领

领口线形状是坦领设计的一个重点。为了使装领后衣领能平服，坦领一般要从后中线处裁成两片。装领时两片领片从后中连接称为单片坦领，在后中处断开称为双片坦领，也有不裁成两片的，但要在领圈处收省或抽褶才可以平服。坦领的变化空间大，可根据款式需要而定，可拉长或拉宽领型，可加边饰、蝴蝶结、丝带，还可处理成双层或多层效果，是一种非常有创意空间的领型。

（七）侧偏领

侧偏领的领型不对称，多用于女装的外套、大衣等服装造型中。由于领型不对称，与其他领型相比更富于变化，也更活泼和浪漫。在运用侧偏领时需要把握其领型和主体服装造型的协调性，否则，会影响服装造型的统一性（图9-15）。

（八）装饰领

装饰领主要是指那些装饰性较强的领型，一般用于便装或礼服的造型上，运用多种装饰手段和处理方法，使领子起到一种陪衬和点缀主体服装的作用（图9-16）。

值得注意的是，装饰领的处理随意性强，但其分寸不容易把握，应力求恰到好处，切不可滥用。

图9-15 侧偏领

（九）波褶领

波褶领是一种带有波形褶的领型，它的装饰效果醒目而华丽，其工艺常运用立体剪裁的方法。这类领型的外观造型与选用的面料有一定的关系，如同一种造型的波褶领，选用厚实的面料具有朴实感，选用轻薄的面料具有华丽感和飘逸感。

波褶领一般采用柔软的面料，抽出不规则的波褶，再将其缝合在领口上。此外，波褶领除用于颈部的装饰之外，还可以延伸到前胸或门襟处，用以衬托各种外衣。波褶领更适用于各种礼服的设计，具有一定的审美价值（图9-17）。

图9-16 装饰领

图9-17 波褶领

（十）无带领

无带领是一种无吊带的特殊领型，肩、胸、手臂和背的上部袒露在外面，衣服是靠衬里、鱼骨、金属丝等支撑物使其紧固。无带领常用于各种晚礼服的设计中，给人以现代的浪漫情调（图9-18）。无带领一般适合于肩部较宽、胸部较丰

图9-18 无带领

满的女性穿着，不适合过胖或过瘦的女性穿着。

（十一）系结领

系结领是在领子前端引出两条带子而系结出各种不同形状的衣领（图9-19）。

带子的长短、宽窄和形状及系结方式的不同都可形成不同的领型，如蝴蝶结领、围巾领、飘带领等。这类衣领宜选用丝绸、乔其纱、双绉等悬垂性好的面料来制作。

图9-19　系结领

（十二）荷叶边领

荷叶边领是指领子边沿有类似于荷叶的褶皱而得名，包括各种波浪领，有很强的女性味，给人优雅、华丽的感觉。通常情况下，面料以薄丝绸、乔其纱、蝉翼纱、双绉等面料为好，有时为表现特殊效果，会采用较硬挺的面料（图9-20）。

图9-20　荷叶边领

（十三）帽子领

帽子领是指以帽子代替领子的一类造型。具有随意、富有变化的特点，适合于运动装、休闲装（图9-21）。

图9-21　帽子领

知识点导入

帽子领制图时需要三个部位尺寸：头围、帽子前长、帽子后长。

（1）头围：自前额经距耳根 1cm 之上及脑后最突出处水平围绕一周。

（2）帽子前长：自头顶经耳侧到前颈窝点的距离。

（3）帽子后长：在头部侧倾的状态下，量出头顶至后颈点的距离。

（十四）组合领型设计

由两种或几种领型组合设计形成独特的新领型。例如，翻领与立领可组合成立翻领、军装领；坦领与立领组合成各种装饰领；驳领与立领组合成立驳领等。还有一些其他领型，如系结领，皱褶领，荷叶边领和帽领等（图 9-22）。

图 9-22 组合领型

第二节 服装袖子造型设计

　　服装造型中遮盖手臂的部分称为袖子，袖子是以筒状为基本形态，袖子与衣身的袖窿相连接，构成完整的服装造型。

　　袖子造型的重要性仅次于衣领造型设计，它在服装的整体设计中占有很重要的位置，袖子除了与衣领具有同样重要的装饰性，有明显的审美特征外，更重要的是富有功能性和活动性。因此，它的造型除静态美之外，更重要的是动态美，即在活动中的一种自由舒适的美感。

　　袖子必须与衣领的外观造型协调。可以这样说，领和袖都要服从于服装的整体设计需要，因此，除了要考虑整体风格之外，还要考虑各部件之间的协调关系，使袖子与衣领都和谐地统一在服装的整体设计之中，图 9-23 为各种领型与袖型在造型上的协调。

图 9-23　领型与袖型在造型上的协调

　　从服装设计的角度来讲，不同的服装造型和服用功能会产生不同结构和形态的袖型，相反，不同的袖子与主体服装造型相结合，也会使服装的整体造型产生不同的审美感受。肩袖造型包括袖窿与袖子两个部分。变化丰富的袖子样式就是由各种形态的袖山、袖口、袖的长短肥瘦形成，再配合多变的装接缝纫工艺而构成。

一、袖子的造型分类

　　袖子的造型变化丰富，各具特色，大致可概括为以下类型。

（一）连身袖

　　连身袖是服装中最早出现的一种袖型，特点是没有袖窿线与衣身连在一起。我国古代和传统服装多采用这种袖型，所以连身袖又称为中式袖。袖型具有方便、舒适、宽松的特点。适用于日常休闲服，如晨衣、浴衣、家居服、海滩服等。

连身袖服装穿着舒适，手臂活动不受束缚，深受人们的青睐，适合大运动量的人穿着，武术服装、练功服就常采用连身袖的袖型，着装效果含蓄而神秘。另外，欧洲古代服装也多为连身袖，如古希腊服装中的爱奥尼克式希顿（ionic chiton），古罗马服装中的丘尼卡（tunica）都属于连身袖。

连身袖在传统的剪裁工艺上，由于没有减去肩部的倾斜度，穿着时腋下褶皱较多。因此，在现代服装造型中，其连身袖的剪裁工艺处理上将袖子与衣身相交处减去一定的余量，使穿着效果既舒适又相对美观。另外，连身袖除以上讲的这种形态外，还有一种蝙蝠袖也属于连身袖，袖子的根部与腰部相连，袖子与衣身相互借用，穿着效果轻松而洒脱，如图 9-24 为采用现代工艺处理的连身袖造型。

随着工艺水平的提高，连身袖出现了很多变化形式，在结构上越来越与人体相协调，通过省道、褶裥、袖裆等辅助设计塑造出较接近人体的立体形态。

图 9-24 采用现代工艺处理的连身袖

1. 和服袖

和服袖在腋下有较多的量堆积，穿着后手臂下垂时，腋下会有较多褶皱，显得宽松随意（图 9-25）。

2. 有袖裆的连身袖

在和服袖的基础上，腋下增加一片插角，以提高手臂上举的活动量。增加腋下插角即袖裆，纯属功能性设计需要，因其在腋下，不会对静态下的服装外形产生影响。

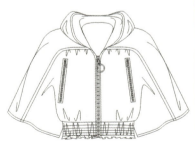

图 9-25 和服袖

（二）插肩袖

袖山延伸到领口线或肩线，成为衣身的一部分。一般把延长至领口线的称为全插肩袖，把延长至肩线的称为半插肩袖。根据服装的设计风格也可将插肩袖分为一片袖和两片袖。插肩袖使得肩部与袖子连接在一起，视觉上增加了手臂的修长感。

插肩袖与衣身的连接线可根据造型需要进行变化，如直线形、S 线形、折线形、波浪线形等。不同的插肩线有不同的特征倾向。曲线、全插肩袖设计，显得柔和优美，是女性化特征明显的设计；而直线、明缉线半插肩袖设计，显得刚强有力，多用在男性夹克、风衣设计。插肩袖适用于运动装、大衣、外套、风衣等服装类。（图 9-26）。

图 9-26 插肩袖

（三）平袖

平袖与连身袖的不同在于袖子与主体衣身分开，平袖的袖根围度与袖窿围度尺寸相符，外观效果平整顺畅，穿着自然随意。平袖一般用于衬衫、夹克、大衣等服装。袖山设计可高可低：袖山高时，袖造型窄瘦、美观；袖山低时，袖造型宽松随意，便于活动。平袖在剪裁工艺上以一片袖居多。人体手臂的形态是稍向前弯曲，所以，在工艺处理上一般是将袖肘处作省，袖子成型后的形状就会与手臂的形态相一致，形成合体一片袖（图 9-27）。

图 9-27 平袖造型衬衫

（四）圆袖

圆袖也称为西服袖，多用于男、女西服。圆袖是根据人体肩部及手臂的结构进行分割造型，将肩袖部位分为袖窿与袖山两个部分，装接缝合而成（图 9-28）。

圆袖的袖窿和袖子是按照人体臂膀和腋窝的形状设计，其袖山的高低和袖根的肥瘦均有较

图 9-28 圆袖

为严格的尺度。一般袖山低，袖根则肥；袖山高，袖根则瘦。圆袖的造型线条圆润而优美，通常正式场合穿着的服装多采用圆袖造型，如男西服的袖型。

圆袖工艺要求很高，缝合时接缝一定要平顺，尤其在肩端点处，要成一条直线；袖窿弧线与袖山线要有一定的装接参数，一般袖山曲线尺寸大于袖窿弧线尺寸，根据造型和面料的不同，参数会不同，在西装中一般为 3~4cm，袖山线边缘要经过归烫的工艺处理，来塑造肩部圆润饱满的造型，通常称为"袖包肩"。

圆袖造型特征是合体、美观、严谨、干练；圆袖适用范围广，H 型、X 型、A 型、T 型等多种廓型的服装均可采用这种袖型。

（五）泡泡袖

泡泡袖也称为灯笼袖，是在袖山、袖口处放出所需要的放松量，再将放松量抽成细褶与袖窿缝合，袖子整体呈蓬起状态，自然形成所需的泡泡造型效果（图 9-29）。褶裥形式有均匀细褶、非均匀细褶，还可以是有规律的褶裥。无规律褶皱的泡泡袖给人自然、活泼之感；有规律褶皱的泡泡袖给人雅致、轻松之感。适用于儿童服装、女夏装、舞台装、礼服等。

图 9-29 泡泡袖

（六）喇叭袖

喇叭袖是一种袖口敞开并可以自由摆动的袖子，形状像喇叭，故称为喇叭袖（图 9-30）。造型特点是袖口敞开量有大有小，总体表现在袖口线上放出的褶量比袖肥线上的要大，所需要的

图 9-30 喇叭袖

放松量根据款式而定，有的是从肘部逐渐变宽；有的是从手肘与手腕之间位置逐渐变宽。

（七）落肩袖

衣片的一部分成为袖山，使袖子的袖山降低，衣片的肩线变长，成为落肩的形式。在衣片的处理上，往往使腋下点下降，衣片围度较大，故袖子的袖肥较宽，给人随意、休闲之感。适用于各类衬衫、休闲装、运动服、夹克衫等服装（图9-31）。

图9-31　落肩袖

（八）盖肩袖

盖住肩膀，没有袖下线，袖子的腋下点对接或分开不对接，形成袖下无袖子的形状。给人凉爽、简单的感觉，适用于夏季女装、童装。图9-32为盖肩袖，呈现活泼自在的少女风格。

图9-32　盖肩袖

（九）肩袖

肩袖也称为无袖，是袒露肩臂设计，仅在袖窿处进行工艺处理或点缀装饰，一般可以在袖窿处镶边、滚边或加饰各种花边。它分为背心式无袖和法式袖两大类，形式简洁、轻便，适用于夏季服装。

背心式无袖呈现背心式样（图9-33），衣片的肩线较短，露出肩膀的一部分，给人简洁、轻松之感。夏天穿着，腋下点可提高1~2cm，若在其他衣物外穿，可根据情况降低腋下点。

法式袖（原身出袖），特点是肩线较长，盖过肩点，给人简洁大方之感。衣片的腋下点往往要下降（图9-34）。

图9-33　背心式无袖

图 9-34 法式袖

（十）鸡腿袖

鸡腿袖的上部宽大蓬松，而袖筒向下逐渐收窄变小，形如鸡腿状。它是一种复古袖造型，曾在 16 世纪的文艺复兴时期就出现了，后来又在各时期多次流行过。这种袖型多用于礼服，具有一定的审美价值（图9-35）。

（十一）组合袖

组合袖型多用于礼服的袖型，因服装以合体为主，相应袖子也多以合体的绱袖类型为主（图9-36）。

图 9-35 鸡腿袖

图 9-36 组合袖

二、袖口的形式

袖口设计，由于手的活动频繁，举手之间，袖子都会牵动人的视线，袖口的大小、形状对袖子甚至服装整体造型有着重要的影响，同时袖口要方便穿脱，需注重功能性设计。

袖口的形式是袖子造型中一个重要的因素。在我国的传统服装中对于袖口的处理很讲究。如箭袖袖口、钟形袖口、水袖袖口等，各有特点。在现代服装造型中，袖口的变化形式丰富多变，归纳起来有以下形式。

（一）外翻袖口

袖口向外翻边并以缉明线或镶边进行装饰，外翻部分可采用同质不同色的处理和其他处理手法，这种袖口多用于大衣、外套或工作服的袖子造型中（图9-37）。

（二）盘式袖口

袖口处向外扩充形成盘状，这种袖口常与盘式领相搭配，一般用于一些艺术性服装的袖子造型中（图9-38）。

（三）荷叶袖口

其形式与盘式袖口类似，但所采用的面料质感不尽相同。荷叶袖口一般采用较柔软的面料，否则，不会产生荷叶的波浪形态（图9-39）。

（四）衬衫袖口

衬衫袖口是男衬衫袖口的总称（图9-40）。

（五）纽扣袖口

袖口处的开衩用纽扣进行扣合，也可以用包扣或扣环进行装饰（图9-41）。

图9-37　外翻袖口

图9-38　盘式袖口

图9-39　荷叶袖口

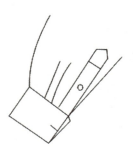

图9-40　衬衫袖口

图9-41　纽扣袖口

（六）装饰袖口

在袖口处进行装饰处理，如用束带、缎带、串珠、云母片等营造一种醒目的艺术效果。装饰袖口多用于舞蹈服装和一些表演性服装的袖子造型中（图9-42）。

图 9-42 装饰袖口

三、袖子与服装造型的关系

袖子作为从属于主体造型的局部结构之一，在服装的整体造型中，一方面加强和充实服装的功能性，另一方面也丰富和完善服装的形式美感。袖子的基本形式结构是由具体的服装造型和功能决定的，在这一基础上去寻求多种形式和结构的变化。袖子在造型形式上不仅要与主体服装协调一致，而且还要相互制约达到完美。

（一）造型相协调

设计实践证明，袖子的长短、松紧都是以主体造型的结构为基础，服装的主体造型风格和特色决定着袖子的造型。整体服装造型如果是宽松型，服装的袖子一般不宜过紧，而应与主体造型相协调（图9-43）。我国传统服装中男式长袍与日本传统服装中的和服造型就是典型例证。男式长袍以直线松身为主体造型，衣长至脚面，袖子的造型也为宽松型，长度盖过手背，仅露指尖，穿着效果轻便而持重；和服宽大的衣身和袖子均以直线为构成要素，其着装效果给人以独特的审美感受。

图 9-43 造型上协调

（二）色彩配置求统一

在主体造型和袖子的色彩配置上，一般采用两种最基本的处理方法：当主体造型选用单色面料时，袖子宜选用与主体色彩相同或相邻近的色彩面料，当主体造型采用花色面料时，袖子宜采用主体花色其中之一的色彩面料。

（三）面料肌理求变化

在一般的服装造型中，袖子和衣身多采用同一种面料，以呈现其庄重大方的穿着效果。然而在一些休闲服装和针织服装中，人们则希望在服装的造型中去寻求更多的个性需要，于是，利用面料肌理的处理求得变化。这种处理手法也同样表现在袖子上，图9-44中衣袖色彩和面料采用对比、变化的形式，而整体效果统一、协调。

图9-44　衣袖色彩和面料的变化

同种面料，不同织纹组织或同类面料不同花色进行主体和袖子的处理。例如针织服装中，衣身和袖子采取不同的织纹和肌理的面料，主体用机织面料，袖子用针织面料；主体用棉麻混纺面料，袖子用纯棉面料。

第三节　服装口袋造型设计

在服装造型中口袋是必不可少的结构之一。与其他局部结构相同，口袋的特征：一方面是用来装随身携带的小件物品，满足其实用功能；另一方面对于各种不同造型的服装起着一种装饰和点缀的作用。由于口袋分布在服装主体的不同部位，所以其造型形式也多种多样。如图9-45所示，口袋兼具功能性和装饰性。

口袋设计时要注意与服装整体风格相统一，如服装整体廓型为H型，口袋以棱角分明的直线形状为好。因为口

图9-45　口袋的功能性和装饰性

袋上缉明线会给人休闲随意的感觉，所以缉明线的口袋一般不会用在职业装上。还有各种仿生形状的口袋看上去活泼可爱，富有情趣，一般会用在童装上。另外，条纹或格子面料服装上的口袋还要考虑对条格的问题。

一、口袋造型分类

（一）贴袋

贴袋是贴附在衣服主体上的，由于口袋的整个形状完全显露在外，所以也称为明袋。贴袋的造型，有直角贴袋、圆角贴袋、多角贴袋及琴裥式贴袋（袋口和袋角鼓起而形如风琴的琴裥，有一种立体的效果）。

贴袋也可以加袋盖，袋盖可缝在袋口上，也可缝在衣身上，袋盖的形态一般与口袋的造型相一致。另外，根据设计的需要还可以在贴袋上加饰褶裥、断缝等。贴袋多应用于中山服、猎装、牛仔装、工作装及儿童服装，图9-46为贴袋，图9-47为各种平面贴袋和立体贴袋，直角贴袋和圆角贴袋。贴袋造型与服装整体风格要一致，达到协调的效果。

图9-46　贴袋

图9-47　平面贴袋和立体贴袋

（二）挖袋

挖袋，它是在衣身上剪出袋口，镶口袋边，缝合内袋而成。挖袋的特点是袋体在衣服反面（夹在衣服的面料和里子之间），只有袋口露在衣身正面。挖袋可分为开线挖袋、嵌线挖袋、袋盖式挖袋。袋口可以是单线型，也可以是双线型，还可以是袋板型和加盖型。根据不同的服装造型，挖袋又有横向、纵向和斜向之分（图9-48）。

图9-48 挖袋

（1）开线挖袋：此袋口固定布料宽约1cm左右，可制成单开线或双开线，日常服装中常采用。如套装、西服、大衣、风衣等内袋。

（2）嵌线挖袋：此袋口固定布料较窄，仅形成一道嵌线状，显得挺括而冷峻，多用在男装上。

（3）袋盖式挖袋：在开线上装缝袋盖，即成为袋盖式挖袋。女式大衣用得较多，挖袋的袋口、袋盖可以有多种变化，如直线形、弧线形，袋口剪开可以是横向、竖向、斜向。

（三）插袋

插袋是利用衣身的断缝线制作的口袋。我国传统服饰中的中式服装其口袋一般都是采用插袋的形式。在现代服装造型中，衣身的侧缝、公主线、刀背缝中都可以缝制插袋。此外，裤子左右裤缝上也多用插袋（图9-49）。

图9-49 插袋

（四）里袋

缝在衣服里面的口袋称为里袋，也可称为内袋。里袋多在衣服的内里前胸处，如西服、大衣、外套、风衣等都在内里缝制里袋，里袋主要用于存放贵重物品，与其他袋型相比具有极强的实用功能（图9-50）。

图 9-50　里袋　　　　　图 9-51　假袋

（五）假袋

在某些服装的设计中，从外观造型效果出发，常常缝制假袋，其造型与真正的口袋相差无几，只是没有实用价值，图中胸前的口袋是假袋设计（图9-51）。

（六）复合袋

复合袋是几种袋型在一个部位集合出现形成的口袋（图9-52）。

图 9-52　复合袋

二、口袋与服装造型的关系

服装上的口袋首先是为了功能而设计，同时，由于口袋多处于服装最明显的位置，所以口袋的造型会直接影响服装造型的风格与特色。无论口袋的形式如何变化，都应与服装的整体造型协调，这样才能充分体现其美感。

（一）口袋的统一性

口袋的造型是以主体服装造型为前提，同时又要统一于整体造型之中。从服装设计的程序看，一般是先有服装的总体造型，然后才有局部造型，因此，口袋的造型与色彩配置需要与服装的主体协调统一。

（二）口袋的装饰性

口袋的形态可以丰富服装整体造型，并且具有较强的装饰效果。适当的口袋造型使整体造型显得完整。在一些青少年装造型中，往往采用形式新颖的口袋进行装饰和点缀，增加服装的活泼气氛。

（三）口袋的协调性

在口袋造型设计上，需注意局部与整体之间在大小、比例、形状、位置及风格上的协调统一性（图9-53）。协调服装造型之间的内在关系是口袋造型的一个重要作用。在同一种造型中，由于采用了不同的口袋形式，会使服装产生不同的审美感受。同时，在不改变服装造型的情况下，把口袋的位置向上或向下移动，或把口袋放大或缩小等，都能改变和调解原有的构成比例、空间格局，使之产生一种新的造型特征和造型风格。在色彩的处理和配置上，可以用口袋的色彩来协调整体色调的感觉。运用口袋面料的肌理效应丰富服装整体造型的视觉效果。

图9-53　口袋的协调性

第四节　服装连接设计

一、纽扣设计

纽扣是用于扣系衣服的。纽扣虽然体积很小，但功能性强，是服装造型不可缺少的组成部分，它既有实用性，又具备装饰性，如图9-54所示。

在早期的服装中，人们是用木针和鱼骨将衣服扣合。15~17世纪时，衣服上的纽扣是由一些专门的金银首饰作坊制作的，这种镶饰金银的纽扣一般都是用在宫廷服装中，是社会等级、权贵和财富的象征。18世纪中期，英国开始启用光亮而昂贵的钢制纽扣，与此同时，法国也出现了雕刻精美花纹的钢制纽扣。19世纪初期，开始产生用

图9-54　纽扣设计

机器制作的布包纽扣，随即又出现了用木制、骨制、陶制和玻璃制的纽扣。20世纪以来，相继出现了形式多样的纽扣，多用化学材料制成，如纤维素、聚苯乙烯、聚乙烯树脂等。我国早期的连接部件是通过襻带，到了明代后期出现外来的币式纽扣，而粒式纽扣早在唐代就有，到清代后期纽扣的使用渐渐多起来。

图 9-55 木扣

（一）纽扣的分类

自古以来，纽扣的形态多以圆形为主（球形、半球形、圆平片形、圆扁片形等），这是由纽扣的功能所决定。

1. 木扣

木扣是用质地较硬的木料制作而成。（图9-55）。因为木扣具有随意、大方的特征，所以更多地用于便装和休闲装，有些木扣是涂漆着色，这种木扣一般用于编织服装和儿童服装上。

2. 金属扣

使用金属扣在西欧传统的服装中占有重要的位置，金属扣是用锡、铅、锌、锑等混合加工而成，金属扣一般为空心（图9-56）。

图 9-56 金属扣

3. 包扣

包扣的特点是根据服装造型的需要，将各种形态的扣子用布料、皮革或其他材料包起来，以求与服装造型在材质肌理上、色彩上，或造型风格上相一致，产生一种整体的视觉效果（图9-57）。

4. 宝石扣

运用各种宝石制成的纽扣，在造型上一般采用首饰镶嵌工艺（在特制的金属托上镶嵌宝石）制作而成。宝石扣多采用诸如水晶、玛瑙、虎目石、玉石等材料，也有少部分是采用名贵的红、蓝宝石镶嵌而成。宝石扣一般用于高级时装上，如高级绅士服、女性高级礼服等。宝石扣与其他纽扣相比，具有极强的装饰性和艺术审美价值（图9-58）。

图 9-57 包扣

5. 竹扣

竹扣是一种以竹子为原材料制作的纽扣。造型形式上有用薄竹片编制，有用竹根部分经烘烤加工，也有用竹子和金属材料相结合制成。竹扣的造型多是利用竹子的自然肌理和自然色彩，一般用于民族性服装或带有民族特点的服装上。

6. 骨扣

骨扣是用动物骨加工制作的一种特殊的纽扣，骨扣一般多用

图 9-58 宝石扣

鲸鱼骨、象牙、牛角、骆驼骨等。由于骨扣运用动物骨的自然本色，所以其造型具有一定的装饰情趣和效果（图9-59）。

图9-59　骨扣

（二）纽扣与服装的关系

纽扣一方面起到扣系衣服的作用；另一方面对装饰和点缀服装起到一种特有的画龙点睛作用。纽扣的选择与服装功能、造型风格、整体尺寸有关。在服装的整体色彩中，可通过纽扣的色彩来调整服装色彩的配置关系。例如，在某些色彩纯度和明度较低的服装中，用同色系的高明度和高纯度的纽扣进行点缀，会提高服装色彩的醒目程度。

在现代服装造型设计中，运用纽扣的大小和肌理效应来求得良好的造型效果，已成为现代服装的一个造型要素，特别是在一些高级时装和高档服装中，采用造型别致的宝石纽扣来装饰，能充分体现出服装的艺术审美价值。同时，纽扣的造型和服装的造型在风格上应该一致，如图9-60所示，密集的纽扣与服装整体修长的造型形成呼应，襻带纽扣与袖口襻带形成呼应，同时与柔软繁复的内搭荷叶边形成对比。

图9-60　纽扣与服装的关系

二、拉链设计

拉链在现代服装细节设计中主要用于服装门襟、领口、裤口、裤脚等处，用以代替纽扣。

拉链种类繁多，从材料上分为：金属拉链、塑料拉链、尼龙拉链等。金属拉链常用于夹克衫、皮衣、旅游装等；塑料拉链多用于羽绒服、运动服、针织衫等；尼龙拉链较多用于夏季服装、贴身内衣等。

拉链还可分为：明拉链、隐形拉链。明拉链多用于风格粗犷的服装，隐形拉链常用于风格细腻含蓄、轻巧纤柔的服装（图9-61）。

图9-61　拉链设计

三、黏扣设计

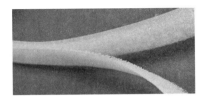

图 9-62 黏扣设计

由钩面带与圈面带组成。其中一根带子的表面布满密集的小毛圈，另一根带子表面则是密集的小钩，使用时，将两面轻轻对合按压即可黏和在一起（图 9-62）。

第五节 服装其他部件的造型设计

一、腰头设计

腰头是下装设计的部位之一。腰头的宽窄以及形状直接影响下装的外观效果，也是反映下装流行的热点部位。

腰头按高低可分为高腰设计、中腰设计、低腰设计。高腰设计是指腰头在腰围线以上部位，给人的感觉是将腿部拉长了。中腰设计让人感觉稳重大方。低腰设计显得现代、性感，前卫时髦。

腰头按是否与裤片（裙片）连接可分为：无腰设计、绱腰设计。无腰设计是将裤片与裤腰头连裁，在腰围处收省或收褶将腰部收紧合体，无腰设计外观感觉自然、流畅，能充分显示女性优美腰身。绱腰设计是指裤片或裙片与腰头分开裁剪，腰头的形状可根据设计要求或个人爱好自由变化，如宽、窄、曲、直。腰头设计举例如图 9-63 所示。

低腰腰头设计

图 9-63 腰头设计

梯形高腰腰头设计

褶裥高腰腰头设计

外翻式中腰腰头设计

二、腰节设计

腰节设计是指上装或上下相连服装腰部细节的设计。腰节设计是服装中变化非常丰富的细节设计，腰节的变化可以使服装具有完全不同的风格，在女装中腰节设计尤为重要。

腰节设计可以采用省道设计，褶裥设计，抽褶设计，或使用松紧带和罗纹带设计，钮结襻带设计，绳带设计等。还可以使用腰带设计，腰带的色彩、长短、宽窄的变化会使腰节变化丰富，如色彩典雅的细腰带配合风格细腻柔和的服装；手工编结的宽腰带配合风格粗犷自然的服装。在腰节设计中，还可以使用各种分割线或装饰线。另外，腰节不用任何装饰和收腰的宽松设计时，给人风格自然洒脱、宽松舒适的感觉。如图9-64、图9-65为各类腰节设计的造型效果和款式设计。

图9-64 腰节设计

固定式宽腰带　　　　腰节蝴蝶结装饰　　　　宽腰封　　　　腰节褶裥设计

腰节束带褶裥装饰　　腰节拼接纽扣装饰　　腰节束带装饰　　锁眼式多孔穿带设计

图9-65 腰节设计款式图

三、门襟设计

门襟是服装设计中非常重要的部位，门襟设计一定要与服装整体风格相统一。门襟可分为对称式门襟、偏襟，对称式门襟开口在服装的前中线处；偏襟设计比较灵活，多用于前卫服装及民族服装设计中。

门襟根据闭合情况，可分为闭合式门襟、敞开式门襟。闭合式门襟通过纽扣、拉链、黏扣、绳带等连接，将左右衣片闭合，这类门襟实用规整，使用较多。敞开式门襟就是不用任何方式闭合的门襟，如披肩式毛衣、休闲外套等，给人洒脱飘逸、不拘小节的感觉。

门襟从制作工艺可分为普通门襟、工艺门襟。工艺门襟是通过镶边、嵌条、刺绣等方式使门襟外观漂亮，工艺门襟形状变化丰富，如曲线形、锯齿形、曲直结合形等。如图9-66、图9-67分别为门襟设计造型及款式图。

图9-66　门襟设计造型

图9-67　门襟款式图

四、裤子局部设计

1. 裆部

横裆与立裆的尺寸直接决定着裤子的外观感觉，中规中矩的裆深在27cm左右（正常体），前裆加后裆宽15cm左右，这是普通裤子的尺寸，刚好适合人的正常活动，没有压迫感，外观没有突出臀部外形的线条。

粗斜纹布可塑性强，韧性好，可以实现夸张裆位尺寸，例如，各种裆部结构的牛仔裤。浅裆紧身牛仔裤可勾勒出性感臀部曲线，为追求极致性感，前裆已经缩到空前的尺寸——7.62cm（3英寸）。后裆降到股沟以下。对穿着者的身材有着极为苛刻的挑剔。如美国品牌弗兰基·B（Frankie B），意大利品牌六十年代小姐（Miss Sixty）等都推出这样的款式。另一个极端是超级长的嘻哈文化（Hip-Hop）式宽裆。源于20世纪80年代初期的贫穷黑人社区，后结合节奏、音乐和慵懒、颓废的美式风格成21世纪青年风格的主流。

2. 裤脚

裤脚设计位于较低的视点，功能性和装饰性兼具，图9-68为常见裤脚设计款式图。

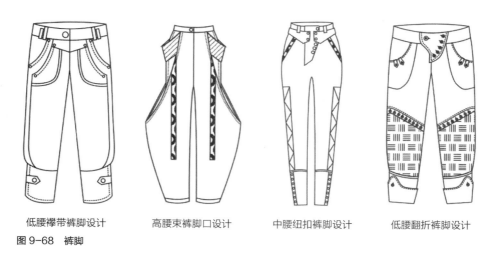

| 低腰襻带裤脚设计 | 高腰束裤脚口设计 | 中腰纽扣裤脚设计 | 低腰翻折裤脚设计 |

图9-68 裤脚

五、育克

育克也称为"过肩"。它的产生之初是出于功能的需要，男装的肩背处为双层面料，一方面为增加牢固度，另一方面为了防雨。育克分为活育克和死育克两种，过去多用于男性服装、夹克、风雨衣等外出服装设计，现在女性服装也常借用（图9-69）。

图9-69 育克设计

六、带子

在服装造型中，带子常用于腰头、裤脚口、袖口、下摆、领围及帽围等处，带子既有调节衣服松紧的作用，又有一定的装饰效果。常用的绳带分为带有弹性的松紧带、罗纹带以及各种没有弹性的尼龙带、布带等，如图 9-70 为各类带子的装饰效果。

图 9-70 带子应用设计

七、襻带

襻带一般用在服装的肩部、腰部、下摆、袖口等处。襻带可设计成各种几何形，根据不同面料、色彩和不同季节的服装进行合理搭配。

1. 肩襻

肩襻设置在肩线上，肩襻是双层，有软型、硬型之分，多用于男装的设计。对于溜肩或肩窄的体型有一定的弥补作用，可以夸张肩的宽阔程度，强化男性英武威严的气概（图 9-71）。

2. 腰襻

腰襻设置在后背腰部，多用于男女外套、风衣等服装造型中。腰襻常与后背对褶结合起来，突出后背曲线（腰部凹进、臀部凸出）的美感（图 9-72）。

图 9-71 肩襻设计

图 9-72　腰襻

3. 下摆襻

下摆襻能使服装下摆收紧在髋部与臀部之间，方便活动和工作，下摆加襻常用于夹克衫，工作服等服装的设计（图9-73）。

4. 袖口襻

袖口加襻是为了收紧袖口便于动作，并且起装饰效果，袖口襻多用于外套、风衣等服装设计（图9-74）。

图 9-73　下摆襻

八、镶边

镶边是服装设计中的一种装饰手段，一般用在衣服的领子、前门襟、下摆、袖子等处。镶边在我国的传统服装中运用极为广泛，如旗袍、中式袄、马甲中是不可缺少的装饰手法。在现代服装设计中，以金银等丝带镶边，可以赋予传统装饰手法以现代感，如图 9-75 为裘皮镶边和白色棉质花边镶边。

图 9-73　下摆襻　　　　图 9-74　袖口襻

图 9-75　镶边

第六节　服装部件造型的实践应用

实践训练

选择一个主题进行部件组合设计，注意与服装整体风格的协调。并对其进行针对性的面料选择。

训练 1　领、袖、口袋等部件组合设计 1

如图 9-76 所示，此组作品中多采用不对称设计，其中有翻领、无领、吊带领、连衣领、坦领、侧偏领等领型；连身袖、平袖、落肩袖、肩袖等袖型；贴袋、插袋、挖袋等口袋设计；各部件灵活搭配，整体风格突出。

图 9-76　领、袖、口袋等部件组合设计 1

训练 2 领、袖、口袋等部件组合设计 2

如图 9-77 所示，此组作品中有立领、翻领、翻驳领、一字领、系带领、帽领等领型；连身袖、圆袖、落肩袖、肩袖等袖型；贴袋、插袋、挖袋等口袋设计；搭配襻带设计，各部件搭配协调，整体风格突出。

图 9-77 领、袖、口袋等部件组合设计 2

训练3 领、袖、口袋等部件组合设计3

如图9-78所示，此组作品中有连身袖、插肩袖、肩袖等袖型，搭配立领、翻领、翻驳领等领型，搭配襻带设计，各部件搭配协调，整体风格突出。

图9-78 领、袖、口袋等部件组合设计3

训练 4　腰头、腰节、门襟、裤子、育克等部件组合设计

如图 9-79 所示，此组作品中门襟、腰头、腰节、裤脚、裤腿设计灵活多变，整体风格突出。

图 9-79　腰头、腰节、门襟、裤子、育克等部件组合设计

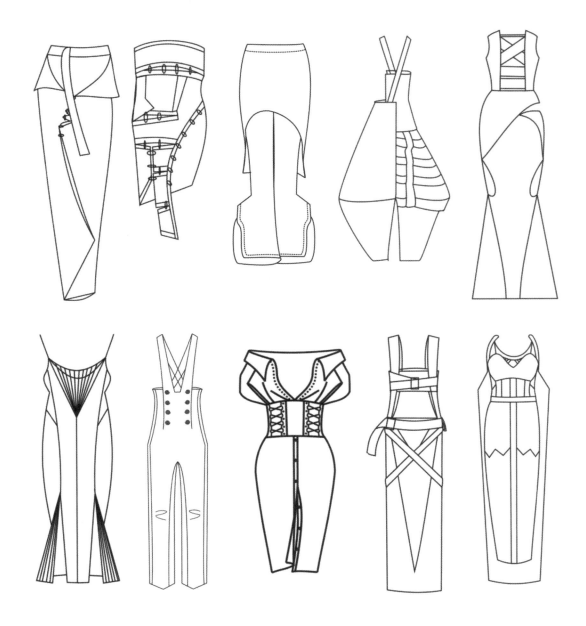

本章小结

● 服装部件是指与主体服装相配置和相关联的组成部分，包括领子、袖子、口袋、带、襻等。一方面，服装的部件除了具有服用功能之外，对服装的主体造型还具有装饰性；另一方面，服装的主体造型与部件之间是主从关系。

● 领子的式样丰富，造型多变，外观造型的差别，是通过内部结构的不同造成。在服装设计时，可依据不同的服装种类、不同的体型特征和不同的功能需要，选择相应的领子结构与造型形式。主要介绍无领、立领、连衣领、翻领、翻驳领、坦领、侧偏领、装饰领、波褶领、无带领、系结领、荷叶领、帽子、组合领等常见领型。

● 袖子造型设计的重要性仅次于领子造型设计，它在服装的整体设计中占有很重要的位置，更重要的是富有功能性和活动性。袖子必须与领子的外观造型协调，和谐地统一在服装的整体设计之中。主要介绍连身袖、插肩袖、平袖、圆袖、泡泡袖、喇叭袖、落肩袖、盖肩袖、肩袖、鸡腿袖、组合袖等常见袖型。

● 口袋是用来装随身携带的小件物品，满足其实用功能，同时对服装起着装饰作用。口袋设计要注意与服装整体风格统一。主要介绍贴袋、挖袋、插袋、复合袋等常见口袋设计。

● 连接设计中主要介绍纽扣设计、拉链设计、黏扣设计等。

● 部件造型设计中有腰头设计、腰节设计、门襟设计、裤子的裆部设计、裤脚设计、带子设计、襻带设计等。

● 服装设计在注重款式、色彩、面料设计的同时，设计师更要重视服装部件或细部的设计，一件出色的服装设计往往取决于一些巧妙而别致的部件或局部设计。

思考题

1. 什么是服装部件设计，它与服装主体是什么关系？

2. 选择一个主题进行领子、袖子、口袋、连接等组合设计，要求每组至少 8~12 款，对款式、面料等进行说明，通过款式图（正面、背面）来体现，注意整体服装风格统一性。

3. 选择一个主题进行腰头、腰节、门襟、裤子、育克等部件组合设计，要求每组至少 8~12 款，对款式、面料等进行说明，通过款式图（正面、背面）来体现，注意整体服装风格统一性。

第十章
面料的再造设计

课题名称：面料的再造设计

课题内容：面料再造设计的发展现状

服装面料再造设计类型

面料再造的方法与工艺

面料再造设计实践

课题时间：10 课时

教学目的：通过对面料再造设计方法的学习，使学生领会到面料再造设计与服装设计之间的关系，对面料再造的应用性展开思考，通过对各种面料再造设计方法的学习，开拓学生的设计思维，提高学生对设计制作的动手能力。

教学要求：1. 使学生充分掌握面料再造设计实现的方法。

2. 使学生准确认识面料再造设计实现的方法与服装设计的关系。

3. 使学生掌握面料再造在服装设计上的应用。

课前准备：阅读相关设计类书籍，准备面料和针、线、剪刀等。

第一节　面料再造设计的发展现状

　　随着新材料和新工艺的飞速发展，综合性面料的诞生给服装面料艺术再造增添了新的生机和艺术魅力。

　　由面料使用引发服装形式的新运动，像塑料、合成面料纷纷踏上了服装大殿，面料之间的组合和搭配实现的面料再造。服装设计师三宅一生、针织女王索尼亚·里基尔（Sonia Rykiel）、瑞典新锐设计师桑德拉·巴克伦（Sandra Backlund）、亚历山大·麦昆（Alexander McQueen）等的作品之所以让世界瞩目，很大程度上都是源自设计师对面料的良好把握。

图 10-1　三宅一生服装

　　三宅一生的设计直接延伸到面料设计领域，他将日本宣纸、白棉布、针织棉布、亚麻等传统材料，应用现代技术，结合他个人的设计思想，创造出各种肌理效果的面料，设计出独特而不可思议的服装，被称为"面料魔术师"。由他开创的"一生褶"（图 10-1），运用褶皱肌理的可伸缩性将东方的平面裁剪演变为西方的立体形式，没有省道、没有分割线的服装，仍然能展现出人体曲线美，展示了面料再造创意的无限魅力，至今仍是面料再设计的典范。

　　亚历山大·麦昆对于面料肌理变化的把握尤为的突出，他的每一场秀都是面料肌理的视觉盛宴，其中充满着绚烂多彩，丰富多变的肌理效果，给人以强烈的视觉冲击力和艺术感染力。他在 2001 年以禽鸟为设计灵感主题的走秀，将孔雀的羽毛作为面料的素材，通过对羽毛进行错落有致地排列及固定，构造出丰富、多层次的肌理效果视觉感观（图 10-2），同时也契合了设计的主题，展现出羽

图 10-2　麦昆服装

毛的丰盈形态。麦昆在运用禽鸟翅膀的设计理念中，通过将整块面料进行裁剪和分割的手法，或是进行反复的折叠，使之层次感鲜明，视觉感染力强，让面料在质感上具有独特的新鲜感。配合走秀的独特效果，产生令人叹为观止的视觉效果。

　　在国际上还有来自瑞典的桑德拉·巴拉伦对编织面料质感的把握一点也不输前辈，用镂空的织法赋予了毛线新的含义，用纯手工的技法，编织出层叠的宫廷服饰褶皱效果和皮草的奢华质感，构筑起新的时尚空间（图 10-3）。

　　被誉为朋克教母的维维安·韦斯特伍德特别喜欢将布料进行撕

图 10-3　桑德拉·巴克伦服装

裂处理，然后进行服装创作，那些在布料上进行粗糙的绗线处理，将形状各异的布块进行拼接；或是将一些碎布块当作补丁缝合在服装上作为装饰处理，几乎已经全部成为她的设计风格和特色。

川久保玲将各种不同色彩不同质地的面料进行拼接处理的面料再造创作手法，是引领这种风潮的最具代表性的先锋派大师。这些世界顶尖的设计师们，都在面料的再造设计与创造中体现着自己的设计理念，表达着自己的设计思路，也使面料具有新的质感，独特的视觉效果。从国际大牌设计师的创作中可以看到面料的再造设计已成为当下服装进入新的多元化的主流渠道。

年轻的华裔设计师殷亦晴，最擅长的就是通过叠褶的手法营造出服装的层次感，呈现出服装的多样性，可以像雕塑一样精致（图10-4）。纱质面料叠褶处理几乎是这位极具才华的设计师的原创标签。

三宅一生的"1325"，"1"代表一整块面料，"3"代表三维立体，"2"代表折叠后的二维形状，"5"代表全新的立体体验。理念源于他的面料折叠和自1989年便开始的一块布（图10-5）。围绕"再生和再创造"的原则，通过与计算机专家和教授的合作，得出一个算法，创建了独特的3D几何形状，可以折叠成二维形式，成为衬衫、裙子、裤子和连衣裙礼服。这样的二维结构与立体造型间的转换可以说是服装界的一项突破。除因面料设计而形成的空间节约外，"1325"在面料的原料上也体现出可持续设计精神，此系列服装的原料是一种被粉碎的特殊聚酯纤维，制造过程中降低能源消耗和约80%的二氧化碳排放。2012年该设计获得设计博物馆颁发的"年度最佳设计师奖"。

图10-4 殷亦晴服装

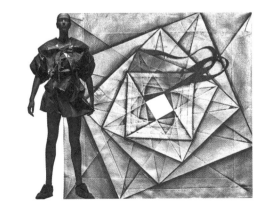

图10-5 三宅一生"1325"系列

第二节　服装面料再造设计类型

面料的再造是服装设计师创作的重要方法。经过再造设计后的面料往往会非常有特色，使服装更具有设计感觉和装饰意味。面料再造设计的方法多种多样。可根据面料的特性及风格，在面料上通过刺绣、镂空、褶皱等手法来改变面料原有质感、触感、颜色等表面特征，也相对地把原本平面化的面料立体化、雕塑化，从而更好地表现服装的设计风格。因而，利用面料再造设计后的肌理效果强调观感，成为服装设计的一种手法。服装面料再造设计的方法主要分为加法设计、减法设计、立体造型设计和组合设计四种形式。

一、加法设计

（一）刺绣

1. 刺绣

刺绣一般应用于表面平整的单色面料，通过刺绣形成具有立体感的花纹图案，丰富面料的色彩。刺绣是针线在织物上绣制的各种装饰图案的总称（图10-6）。用针将丝线或其他纤维、纱线以一定图案和色彩在绣料上穿刺，以线迹构成花纹的装饰织物。它是用针和线把人的设计构思添加在织物上的一种艺术。刺绣的技法有错针绣、乱针绣、网绣、满地绣、锁丝、纳丝、纳锦、平金、影金、盘金、铺绒、刮绒、戳纱、洒线、挑花等，刺绣的用途主要包括生活和艺术装饰，如服装、床上用品、台布、舞台、艺术品装饰。可以通过自己对各种针法形象的理解来选择针法。也可以加入包芯，使花纹隆起，形成立体感的图案。尤其以套针针法表现图案色彩的细微变化最具有特色，通过色彩深浅变换，形成细腻的渲染效果。用线刺绣的同时还可以结合多种材料，如缎带、金属线等绣出图案，给人以精致细腻的感觉，可以提高面料的艺术感染力。

知识点导入

　　早在殷商时期，我国就开始使用刺绣的方法来装饰服装面料，这些可以说明我国早期的服装面料再造。从汉代开始，刺绣就一直是我国服装面料的主要装饰手段，在随后的各朝代中得到了不同程度的发展。我国各个民族也有自己独特的刺绣方法和技术，刺绣技艺之精湛、针法之多样、绣品之完美令人叹为观止。如图10-7所示，中国古代帝王服装上专用的十二章纹，就是运用刺绣手法实现的面料再造。这个时期，无论是服装面料本身，还是在服装面料上进行工艺处理，都被统治者所使用，成为王权和地位的象征，因此其服装

面料的装饰效果具有的社会政治含义远远在美感作用之上。

大约在中世纪时期，刺绣的方法从东方传入欧洲大陆，得到欧洲许多国家和民族的重视，尤其是在装饰繁复的"巴洛克"和"洛可可"时期，刺绣技术更是结合饰带装饰和毛皮装饰，成为最豪华的装饰方法颇受人们欢迎。

图 10-6　刺绣

图 10-7　汉服

2. 贴布绣

贴布绣也称为补花绣，是一种将其他布料剪贴绣缝在服饰上的刺绣形式。中国苏绣中的贴布绣属于这一类。

其绣法是将贴花布按图案要求剪好，贴在绣面上，也可在贴花布与绣面之间衬垫棉花等物，使图案隆起而有立体感。贴好后，再用各种针法锁边。贴布绣绣法简单，图案以块面为主，风格别致大方。清朝官服前胸的补子，又称为补花，使用的就是贴布绣的工艺（图 10-8）。

3. 镂空绣

镂空绣是指在面料上刺绣以后用溶液腐蚀或者用剪切分割面料局部，使其产生镂空效果的面料再造设计方法。这种再造的方法可以使内层的面料质感或肤色若隐若现的显露出来，增强视觉效果，传达出一种若隐若现的神秘感和悠然、典雅的韵味。这种设计手法主要运用于女装中（图 10-9）。

4. 珠片绣

珠片绣也称为珠绣，它是以空心珠子、珠管、人造宝石、闪光珠片等为材料，绣缀于服

图 10-8　贴布绣

图 10-9　镂空绣

饰上，以产生珠光宝气、耀眼夺目的效果，一般应用于舞台表演服上，以增添服装的美感和吸引力，同时也广泛用于鞋面、提包、首饰盒等上面，引人注目（图 10-10）。

（二）缉线

缉线是在皮或布制品上采用压扎边缘或在接口处缉明线，缉线装饰是在衣服正面的拼接缝旁边或其他部位等距地车缝一道或两道甚至更多条缝线，有强调这一部位装饰的作用。通常使用的线的颜色与主体颜色差异显著，以彰显时尚特色（图 10-11）。

图 10-10　珠片绣

（三）缀饰

缀饰法也称添加法，将皮革或任何面料剪成一定形状缝缀或粘贴在面料上，或是将其他不同素材以一定的图案要求，形成层次丰富且视觉冲击力强的装饰效果（图 10-12）。

图 10-11　缉线

图 10-12　缀饰

> **知识点导入**
>
> 中世纪的拜占庭常运用华丽的刺绣手法处理服装面料，并在服装边缘和重要部位（领口、肩部和袖口等部位）的面料上镶嵌宝石和珍珠。罗马式服装中的女式布利奥德（Bliaud），其领口面料边缘用金银线缝缀凸纹装饰。
>
> 17 世纪巴洛克时期，服装的装饰繁复，根据其呈现出的服装面料艺术效果，可以视其为服装面料再造有了飞跃发展的时期。在这个时期，缎带、花边、纽扣、羽毛被大量运用来装饰服装面料，形成了丰富的服装面料艺术效果。这个时期服装面料的再造具有显著的特点，是将各种面料（主要是绸缎）裁成窄条，打成花结或做成圆圈状，再分层次分布在

服装各个部位，形成层层叠叠的富有艺术感、立体感的服装面料。这个时期的这种面料再造法深得上流社会女性喜欢。

18世纪洛可可时期，常在面料上装饰花边、花结，或将面料进行多层细褶的处理，这一时期的女装也被称为"行走的花园"，这些都体现了服装面料再造的进一步发展变化。在篷巴杜（PomPadour）夫人的肖像中，清晰地再现了在袖口的褶边上镶有金属边或五彩丝边，还镶有类似蕾丝的饰边。洛可可时期人们还将反光性很强的面料制成装饰，缝缀在服装上。18世纪末，更加丰富的素材被应用于服装的面料再造上，花边、缨穗、皱褶、蕾丝边饰、毛皮镶边和金属亮片等频繁地出现于服装装饰上，展现出服装面料再造的艺术魅力。皱褶也不再局限于竖向，还有横向、斜向和多层，百褶裙在此时期出现。在一定程度上，服装面料再造推动了服装工艺和服装造型的发展与演变。

（四）手绘工艺

手绘是运用毛笔、设计类画笔等工具蘸取纺织染料，按设计意图在面料上进行绘制，颜色可深可浅、图案可大可小，变化丰富造型生动。如图10-13所示，D&G服装上衣是油画风格的手绘图案，搭配条纹裙子，充满了度假风情。

（五）印染工艺

1. 扎染

扎染又称为绞缬，是我国古代纺织品的一种"防染法"染花工艺，也是我国传统的手工染色技术之一。这种植物印染工艺确切地说，是经过先扎后染的防染工艺形成的染色效果，通过用线或绳子对面料设计部位进行捆扎、缝扎、折叠、遮盖等手法将

图10-13 手绘服装

面料扎结起来，目的是防止染料大面积渗入到所扎的面料之中，可根据设计的需要调整面料的扎结松紧度，通过染料不同程度的渗透，最后布料上就出现了由深而浅、具有晕渲效果的花纹（图10-14）。

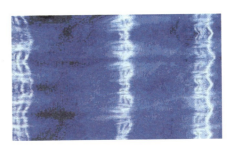

图10-14 扎染

2. 蜡染

蜡染也是一种防染工艺。将蜡融化后用笔或刮刀将蜡绘制在面料上，封住预先设计部位，从而起到防止染料浸入。等蜡冷却后，将面料浸入染缸染色后晾干，再用开水煮化蜡质，显现出设计的图案。也可根据设计需要等画上的蜡冷却后，按设计需要用手捏碎封蜡产生裂痕，经染色后色彩能通过蜡的裂缝渗入面料，形成自然状的裂纹图案，一种独特的装饰效果（图10-15）。蜡染有单色染和复色染两种。复色染有套色到四五色，色彩自然而丰富。

图 10-15　蜡染

3. 数码印花

设计师将自己的手绘设计稿或经过计算机设计出的图案，通过数码喷绘技术印出。色彩效果丰富细腻，可进行两万种颜色的高精细图案印制。它有着高于丝网印的印制效果，但成本相对较高，通常用于满足小面积十分精致的印染上。如图10-16所示，这款华伦天奴（Valentino）的服装印花色彩鲜艳，图案细腻。

4. 涂料印染

多用在T恤的局部印花，使用一种涂料式染料，直接高温印制在面料上，后处理较为便捷。随着涂料染剂的发展，涂料印染品种十分丰富，能使图案产生不同的肌理效果。如荧光涂料、发泡涂料、亮片涂料等可以用于不同风格的面料设计上。

图 10-16　数码印花服装

5. 转移印花

转移印花是将印花图案通过某种方式从其他媒介转移到面料上的印花方式，分为冷转移印花和热转移印花两种。

手工热转移印花是在纸上用油墨手绘图案，或将电脑图案打印在转印纸上，使用熨斗把图案的正面压在织物上面，熨斗温度需要调整到200~250℃，并用力压3~5分钟，以便能够将全部图案转移至区域内。印花效果深浅色取决于熨斗温度、压印时间的长短、压印力的大小，以及画稿颜色。如图10-17所示为热

图 10-17　热转移印花

转移印花处理后的服装面料。

手工冷转移印花是先在盆中装满混合的水和浆料，再用色料滴瓶一滴一滴加到设计好的图案部位，然后通过不同的工具拖拉来形成花板，把织物放在已设计好的图案上，轻轻拍打所有表面以确保织物吸附颜料，5~10秒后把织物从颜料混合表面上拿出来，形成织物花纹。

> **知识点导入**
>
> 在唐代，不仅印染和织造工艺技术发达，面料装饰手法也得到了长足的发展，采用绣、挑、补等手段在衣襟、前胸、后背、袖口等部位进行服装面料再造比较常见，或采用腊缬、夹缬、绞缬、拓印等工艺产生独具特色的服装面料艺术效果，从而体现出服装不同层次的变化。夹缬，中国最古老的"三缬"（绞缬、蜡缬、夹缬）之一，其历史可上溯至东汉时期。用两块木版雕刻同样花纹，将织物夹持于镂空版之间加以紧固，将夹紧织物的刻板浸入染缸，刻板留有让染料流入的沟槽让布料染色，被夹紧的部分则保留本色（图10-18）。

图10-18　夹缬

二、减法设计

在面料再造设计中，减法工艺主要指通过去掉面料的某些部分，达到破坏原材料外观的目的，从而产生另类肌理的效果。减法工艺破坏成品或者半成品的表面，通过剪切、撕扯、磨刮、镂空、烂花、抽纱、拉毛边等方法破坏材质的结构。采取的方法有化学方法，包括稀碱、稀酸、生物酶等，还有物理方法的减法设计，包括剪碎、缝合、撕扯、水磨、激光、磨毛等。

（一）抽纱

抽纱是指将面料中的经纱或纬纱进行抽去处理，因为面料材质的不同，有的面料经纬纱同色，有的面料的经纬纱异色，这样，被经过抽纱处理的面料就会给人一种色彩相间或虚实相间的视觉效果（图10-19）。甚至还会显露出内层服装的颜色或肤色，在视觉上加强了服装的层次感，也可以在服装的底摆和袖口进行抽、撕等手段，制作出流苏作为装饰。

图10-19　抽纱

（二）镂空

镂空是指根据设计的需要，在平整的面料上进行剪切，在面料肌理立体化再造中，在面料表面按照某种图案纹样剪切孔洞，为了更加细腻精致，还可在挖出的图案上再进行较浅的或虚或实的雕刻花纹，以更加丰富其肌理的美感，这种方法大多被应用于较厚或较硬的面料中（图 10-20）。这是肌理改造中比较有特色的破坏方法。

图 10-20　镂空

服装上经过镂空处理过的部位可以显露出里层的衣料或皮肤，如果想让其更具层次感，可以把其他质感的面料衬在镂空部位下，从而产生更强烈的视觉冲击力。

知识点导入

14 世纪，剪切的手法被广泛运用在面料上，形成这个时期服装面料再造的一大风格，立体造型的"切口手法"（也称为开缝装饰或剪口装饰）的具体做法是，将外衣剪成一道道有规律的切口，从开缝处露出宽大的衬里或白色内衣，通过外衣的剪口可以透出内衣，内衣和外衣的材质与色彩形成鲜明对比，有强烈的视觉冲击力。由此来体现面料与面料之间的错综搭配，这种互为衬托的效果增添了服装面料艺术再造的魅力（图 10-21 的衣袖）。这种手法发展至今，已经成为服装面料再造的一种重要方法。

图 10-21　切口处理的服装

（三）做旧

做旧是利用染色，漂洗，水洗，砂洗，撕刮等手法对面料进行处理，从而使面料呈现出一种做旧的艺术风格。这种经过做旧处理的面料会有一种怀旧，素雅的风格，这种再造设计的手法在服装的运用中既可以用于局部也可用于整体。例如，牛仔裤上的褶皱和破洞，就是做旧处理。做旧既可通过其减色或磨损处理，使其变得柔和自然，还可以仿照生活的某种特定情境，对其进行特殊处理，如火烧、烟熏、发霉、撕扯、污渍等。如图 10-22 所示，麦昆这款服装的面料和金属部分，进行了做旧打磨和锈化处理。

图 10-22　做旧处理的服装

（四）烧割

烧割破坏面料具有随意性和偶然性。利用不同材质的化纤面料燃烧熔缩后的效果来进行面料再造。可以尝试不同的温度破坏，如香、蜡烛、熨斗等破坏手法，可以使材料表面形成不同的破口。如图10-23所示为通过烧割手法处理后的面料，具有层次感和特殊的肌理效果。

图10-23 烧割处理的服装

三、立体造型设计

立体造型设计是通过工艺手法，改变面料表面形态，形成立体效果和浮雕感，产生更为丰富的肌理效果，有强烈的触摸感觉。通过皱褶、折叠、绗缝、编结等对面料给予物理力，使其拉伸或者重力挤压等形式进行处理。例如将毛织物加热，使其质地变得更有可塑性，利用重力挤压使其拥有特殊纹理，让平整面料呈现出更具立体美感的形态。

（一）打结绣

中国传统的打结绣，又称为布浮雕，西方人称为smocking，它是一种独特的立体感极强的面料再造。打结绣是将面料缝缩成褶皱的效果。打结绣再造后的面料会产生浮雕的立体效果，肌理感较强，它柔软富有弹性，使原来平面和枯燥的面料变得生动富有个性，若再与珠片装饰手法相结合，则更加富丽堂皇，高贵大方（图10-24）。

图10-24 打结绣

（二）褶皱

褶皱是指在面料上运用某些工艺手法，将面料的一些部位进行抽紧呈现出褶皱的状态。这种方法可以将整匹布通过挤、压、拧等方法在其成型后再定型，形成自然的立体形态，使原来平坦的面料经过整理后形成起伏不匀、意想不到的良好效果。具有"面料的魔法师"之称的三宅一生，在对面料的再造设计上经常使用此方法，闻名世界的"一生褶"展现出面料再造设计无限的艺术魅力（图10-25）。

图10-25 三宅一生的"一生褶"

（三）绗缝

绗缝是用长针缝使里、面和之间的絮料被固定的缝纫。绗缝可以让面料产生立体及浮雕感的视觉效果（图10-26）。经过绗缝的面料在服用功能上有保暖性和装饰性。根据设计的需要可以大面积的将填充物进行均匀的填充再进行绗缝，也可强调局部装饰，将填充物进行选择性的填充，突出局部图案的立体效果。

（四）造花

造花是常用的装饰方法。造花的方法种类很多，从制作方法上一种是在衣身上直接制作出来（图10-27）；另一种是做好花再装饰在服装上（图10-28）。

（五）折叠

折叠的方法与褶皱近似，但是效果却有差异，它结合不同的面料能够塑造出层次效果的服装表现形式，例如将粗纺和精纺面料进行重叠，使服装在层次上有历史上的突破。折叠往往作为面料设计的装饰手法运用在服装上，增加视觉冲击力（图10-29）。

图10-26　绗缝

图10-27　造花1

图10-28　造花2

图10-29　折叠

（六）编结

编结是指用不同材质的线、绳、带、花边等，通过编结、钩编或编织的手法形成各种不同花样的组合造型和纹样变化，直接做出面料的肌理效果（图10-30）。这种手法是传统的中国手工艺技术，如今受到很多国际设计大师的钟爱。

编结由于使用的材料不同、采用的编结方法不同，因而在服装表面所形成的纹样就会产生疏密、宽窄、凹凸、连续、规则与不规则等不同变化。利用编结手段加工的面料制作服装，能够创造出特殊形式的质感和极有特色的局部细节，给人稳定之中有变化、质朴当中透优雅的视觉感受。

图 10-30 编结

四、组合设计

面料的组合搭配设计，是服装设计中常用的设计手法，是指综合运用两种以上的材料或用面料不同再造工艺进行面料的创意设计，结合加工技术的开发创新，可以使面料达到意想不到的丰富肌理效果，它可以使服装设计更有立体感和层次效果。

（一）拼接

面料拼接设计是将不同质地、不同色彩的面料进行拼接重组，是现在常见的一种面料再造方法。由于不同质地的面料具有不同的着色性能，在染色后可以产生不同的色彩效果，将不同质地的面料拼接后再染色，是一种拼接方法，另一种是将不同色彩的面料裁成各种形状再重新拼合在一起，达到面料再造的目的，拼接后的面料可以形成一个新的图案（图 10-31）。多种质地面料搭配组合，会产生丰富的视觉和触觉感受。在应用不同肌理的面料拼接时，可采用面料的光滑与粗糙、柔软与硬挺、轻薄与厚实、细腻与粗犷、华丽与古朴等对比方式进行面料再造。

图 10-31 拼接处理的服装

知识点导入

面料拼接设计源于唐代，兴于明代的水田衣，其表现手法独树一帜。它运用拼接手法将各色零碎织锦料拼合缝制成一件服装（图 10-32），其丰富和强烈的视觉效果，是传统刺绣无法实现的。水田衣的制作在初期还比较注意织锦料的匀称效果，各种织锦缎料都事先裁成长方形，然后再有规律地编排制成衣，发展到后期就不再拘泥于这种形式了，用大小不一样形状各不相同的也能编排制成衣。

图 10-32 明代水田衣

（二）重叠

面料的重叠设计就是把多种面料叠加组合在一起，组合后的面料形成一种重重叠叠又相互渗透、虚实相间的肌理效果，使服装产生层次感、丰满感、体积感和重量感。常见的面料重叠设计的手法有透明面料的重叠、不透明面料的重叠。

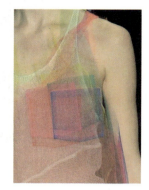

图 10-33　透明面料的重叠

1. 透明面料的重叠

采用同色透明面料，可使用多层重叠在一起，产生蓬松丰满的感觉；也可使用两层重叠，在中间夹其他形状材质，表现出丰富内在。如果采用的面料不同色，两层或多层重叠产生色彩融合、渗透的感觉。如图 10-33 中的口袋和大身面料就使用了透明面料重叠方法，多层彩色的透明口袋重叠在一起，产生丰富的间色变化，形成了不一样的口袋造型，对服装起到装饰作用。

2. 不透明面料的重叠

不透明面料进行重叠时，一般会对重叠面料的形状进行处理，追求层次感和节奏感。如图 10-34 中，不透明面料重叠在一起具有肌理感和层次感，也可以形成不规则的轮廓造型。

3. 透明面料和不透明面料的重叠

不透明面料的色彩和图案会通过透明面料透现出来，从而产生朦胧、虚幻的感觉。把不透明面料和透明面料重叠，有虚有实，视觉效果非常好。如图 10-35 这两款普拉达（Prada）的服装，外层的裙子面料选用了透明的薄纱，内搭则为不透明的面料制成的短裤。外层面料表现出了朦胧、通透的效果，可以透出内层面料虚幻的美感。并且两层服装造型不同，可以营造出较丰富的款式效果。

图 10-34　不透明面料的重叠

图 10-35　透明面料与不透明面料的重叠

第三节 面料再造的方法与工艺

面料再造设计要注重整体的形式美，既要运用比例、重复、韵律、和谐、节奏、平衡、对比和协调等美学法则，又要注意市场的流行动态。服装面料再造设计的构思实现并不是简单的利用工艺手法，更重要的是运用丰富的工艺手法结合美学的造型法则和现代设计意图，对面料从色彩、肌理和纹样上获得更为丰富的视觉和触觉感受。通过在服装面料上添加不同面料或材质的设计，来改变原有面料的视觉和触觉感受。

一、十字绣

先在面料上设计出需要的图形，再用铅笔尺子在面料上以 5 毫米为单位进行打格，打好格后，用毛线或粗一点的线，按照图案的颜色进行十字绣（图 10-36）。十字绣的方法是将针从正方形的左上角穿出再从右下角穿入面料，之后从右上角穿出从左下角穿入，即完成了一个小格的刺绣。如果面料太软不方便刺绣，可以在面料反面烫一层黏合衬。

图 10-36 十字绣

二、抽纱

依据设计的图案，将面料的经线或纬线酌情抽去，形成透空的装饰花纹。将纱线进行有规律固定，编出透空的纱眼，形成透空效果的图案。抽纱绣的方法大体可分为两类：一种是抽去纱线的经或纬一个方向的纱线，称为直线抽纱线；二是抽去经、纬两个方向的纱线，称为格子抽纱（图 10-37）。

如图 10-37 抽纱

三、镂空

选择一块面料然后在纸上设计图案，再把图案拓在面料上，之后用剪刀或小刀将需要镂空的图案部分剪掉即可（图 10-38）。由于机织面料被剪掉图案的边缘会出现毛边，最好在选择面料时选择无纺

图 10-38 镂空

布、皮革一类的面料，镂空后图案周边不会出现毛边。如果是机织面料可以在面料的反面烫一层黏合衬，这样也可以防止毛边的出现。如果选用透明面料欧根纱，则可以选择电剪刀来剪掉图案，这样在剪切过程中面料边缘会被灼烧，也不会出现毛边。

四、打结绣

打结绣是指面料通过缝制，产生浮雕的立体效果，使原来枯燥的面料变得生动富有个性。

缝制方法，根据需要可选择平纹细布、丝、绸类面料。先在面料的反面以 1 厘米为单位画出格子，然后在格子上画好线示图（图 10-39）。

第一款打结绣的做法，将针穿好线打好结，穿过线示图上的第一个正方形的四个角上的点 A、B、C、D，然后将线拉紧，四个角即汇聚于一点在此点上打结，注意一定要打紧。再将线剪断，然后缝下一个正方形，以此类推，即可完成此图案，成品图案（图 10-40）。

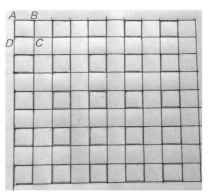

图 10-39　第一款打结绣线示图

图 10-40　打结绣第一款

第二款打结绣做法。针穿线后将线尾打结，然后用针穿过正方形的两端的点 A、B，拉紧线后打个结，依照此法完成每一条红线，即可完成此款打结绣（图 10-41）。

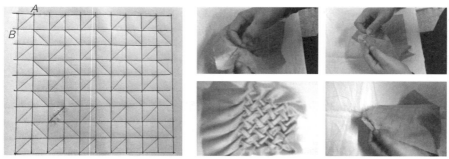

图 10-41　打结绣第二款

五、造花

1. 旋转造花法

旋转造花法是指在面料反面先用线打一个小结，然后旋转成花型的方法。这种方法适合做抽象花型。首先在面料上选择要造花的中心位置，在此位置的反面打一个小结，然后将面料翻到正面，以小结的正面为圆心，用手在小结的方位，对面料进行数次旋转，当旋转出满意花型后，在面料反面用手针进行固定，即形成花型（图10-42）。注意一件衣服上的所有花型需要一个方向旋转，否则会散掉。图10-43所示的旋转造花法呈现在服装上，具有肌理感和旋律感，也呈现出唯美的花型。

2. 捏褶盘花法

捏褶盘花法，是指在面料反面捏细褶后，再盘卷而成花型的方法。这种方法适合做抽象花型。首先，在面料反面捏细褶后用手缝固定。然后，将捏成褶皱的面料进行卷曲。卷成后的花可以是一朵也可以是几朵。最后在面料反面用手缝进行固定（图10-44）。

3. 卷盘法

卷盘法，首先根据花朵的大小裁剪一块树叶形状的面料。将裁好的面料对折后烫平，在折线处用手工

图10-42 旋转造花法

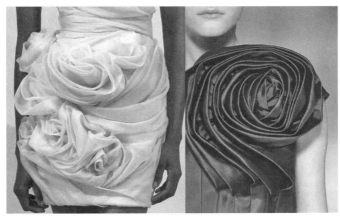

图10-43 旋转造花法的服装

图10-44 捏褶盘花法

疏缝后抽缩，再将抽缩好的面料进行盘卷成花型，并在花的底部手缝固定，然后缝在衣服上（图 10-45）。

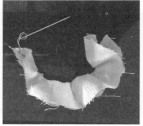

图 10-45 卷盘法

4. 折盘法

折盘法是用一根长条形直丝面料边折边盘的一种方法。根据花的大小剪一根直丝长条形面料，折叠方法如图 10-46 所示，在面料的一端先折出一个三角形，再将三角形的尖角向正翻折，翻折后再将此角向内折，折出一个等腰三角形，然后把布条翻到背面。把布条向上翻折后再向右折出 45° 角，然后把布条向三角形正面进行包裹，包裹后再将布条向上翻折，重复之前的动作，便可做出花型。

图 10-46 折盘法

5. 折叠法

此法适合于较薄的面料，主要是将面料进行几次折叠来增加花瓣的硬挺度，增强花朵的立体感。首先，根据花朵的大小剪出大小不一的方块，将剪好的方形对折再对折。花瓣底部进行打褶，然后固定修齐，再把花瓣组合起来缝合好。就形成花朵（图 10-47）。

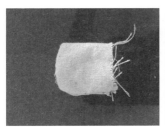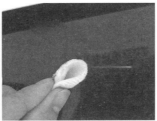

图 10-47　折叠法

六、绗缝

首先，准备上下两层面料，在一层面料上画出绗缝图案，将上下两层面料对齐，沿着图案轮廓用回针法缝一圈，注意线迹要闭合。然后，翻到图案的背面，在背面的面料上剪出切口，将 PP 棉从切口塞进去，最后再将切口缝上（图 10-48）。

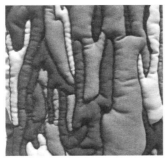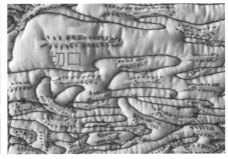

（a）正面　　　　　　　　　　　　　（b）反面

图 10-48　绗缝

七、扎染

（一）扎染图案的设计

扎染从纹样形式上分，为几何纹样（散点、圆形、菱形、环形等）、异形纹样（叶纹、花纹、波浪纹等）和具象花纹等。

（二）扎染的工具与材料准备

织物、针和线、染料、染锅、加热炉、搅拌棍、水桶、胶手套、剪刀等。

（三）扎染前期的处理

（1）退浆：目的是除去面料上的浆料，可用碱液、氧化剂或淀粉酶等药剂加水沸煮布料退浆。用药剂量，为布重的 3%，水约为布重的 30 倍。

（2）精炼：目的是除去纤维上的天然杂质及残留浆料，用烧碱加水沸煮。用烧碱量，为布重的 3%，水约为布重的 30 倍。另外，丝绸的扎染前处理是用皂液加碳酸钠加水煮精炼。

（3）漂白：用于除去面料上的色素及残留杂质，常用次氯酸钠或氧化氢加水沸煮。用漂白剂量，为布重的 3%，水约为布重的 30 倍。

（4）熨平待用：用电熨斗将漂洗过的面料熨平以备描绘图案及捆扎用。

（四）扎结的技法

（1）捆扎法：将织物按照预先的设想，或揪起一点，或顺成长条，或做各种折叠处理后，用棉线或麻绳捆扎，然后进行染色（图 10-49）。

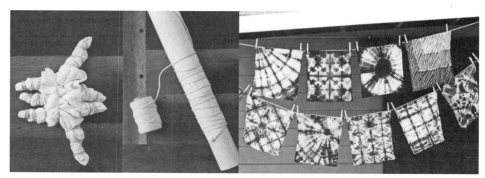

图 10-49　捆扎法

（2）针缝法：通过针缝形成线状纹样，可组成条纹，也可制作花型、叶型。用大针穿线，沿设计好的图案在织物上均匀平缝后拉紧。这是一种方便自由的方法，可充分表现设计者的创作意图（图 10-50）。

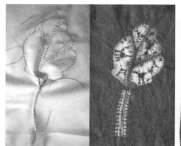

图 10-50 针缝法

（3）夹扎法：利用圆形、三角形、六边形木板或竹片、竹夹、竹棍将折叠后的面料夹住，然后用绳捆紧形成防染，夹板之间的面料产生硬直的"冰纹"效果，与折叠扎法相比，黑白效果更分明，并有丰富的色晕（图 10-51）。

（4）包豆子法：将扎染面料中包入豆子、硬币或小石子等不会被染也不会被破坏的小物体，再如同自由塔形一样把其扎紧（图 10-52）。

（5）综合扎法：将捆扎法、针缝法

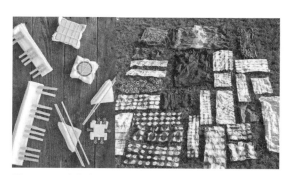

图 10-51　夹扎法

图 10-52　包豆子法

和夹扎法等多种技巧综合应用，不同的组合可得到丰富多彩的效果。

（五）直接染料及使用方法

（1）工艺程序：溶解染料→放入面料→煮染 30 分钟→冲洗晾干（图 10-53）。

（2）使用方法：备好染料及助剂纯碱，也可用食盐代替。

图 10-53　扎染

八、褶皱

（一）叠褶

以点或线为单位起褶，使面料集聚收缩形成丰富、舒展、连续不断的纹理状态。叠褶往往体现服装设计"线"的效果，适用于服装主要部位的装饰。褶通常顺垂直布纹折叠，也可沿 45° 斜线布纹折叠。将布折叠成一个个的褶裥，经烫压后形成有规律、有方向的褶。叠褶主要分为顺褶（图 10-54）、工字褶（图 10-55）和缉线褶。

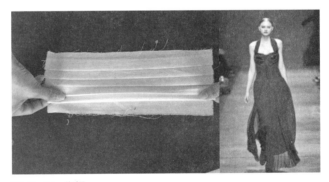

图 10-54　顺褶

（二）自然褶

利用布料的悬垂性及经纬线的斜度自然形成的褶称为自然褶（图

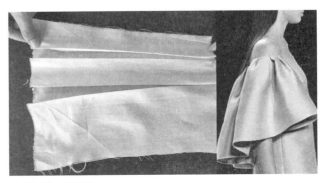

图 10-55　工字褶

10-56)，效果柔和、飘逸、生动活泼、浪漫。自然褶的另一种形式是仿古希腊、古罗马的服装，把布自由披在人体上，利用面料的皱折自然收褶，褶纹随意而简练。

（三）波浪褶

点、线均可作为起褶单位，另一边缘呈波浪起伏、轻盈奔放、自由流动的纹理状态。波浪褶主要利用面料斜纱的特点及内外圈边长差数，外圈长出的布量形成波浪式褶纹，其褶纹随着内外圈边长差数的大小而变化，差数越大，褶纹越多，反之亦然（图10-57）。适用于各部位的饰边及圆形裙使用。

（四）细皱褶

以小针脚在面料上缝纫线迹，将缝线抽紧，使布料自由收成细小的褶皱（图10-58）。这种细皱褶给人以蓬松柔和、自由活泼的感觉，若用柔软轻薄面料缝制效果更好。灯笼袖、重叠的宝塔裙以及裙边、袖口、领口等处荷叶边都可以采用细皱褶制作。

图 10-56　自然褶　　　　图 10-57　波浪褶

图 10-58　细皱褶

九、编结

（一）基础编结

基础编结是指用不同质地的线、绳子、带、花边等材料，通过编结手法形成不同花样的组织造型或纹样变化。将经纬纱编结形成网状平面，如草席、竹篮、地毯的制作就是采用这种技法（图10-59）。

（二）钩编工艺

用一根或若干根纱线以相互环套的方式编结形成网状平面，如手工钩花、绳编等。如图10-60所示，钩花结合辫子针、短针、长针、中长针、长长针等针法钩编出来，然后以缝缀的方式装饰在服装上，缝缀后的钩针图案起到点状的装饰作用。

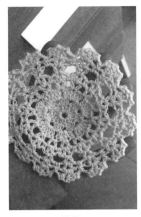

图 10-59 编结　　　　　　　　图 10-60　钩编

第四节　面料再造设计实践

实践训练一

用面料再造方法设计一款服装绘制服装效果图，并用面料制作再造后的面料小样。

训练 1　镂空、缝缀

如图 10-61 所示，这款服装使用镂空和缝缀的方法进行设计。肩带、抹胸和腰节处使用有方形点状镂空图案的面料，形成虚的点。裙子使用有圆形镂空图案的面料，再用水波纹状的镂空面料缝缀在背面。在圆形镂空图案处缝缀大小不一的圆形纽扣。整件服装表现出虚实结合的点状装饰，使服装看起来具有朦胧和立体相结合的美感。

训练 2　打结绣

（1）打结绣处理后的面料特点是表面有肌理感和体积感，在进行服装设计时，要充分运用此特点，使平整

图 10-61 缝缀

和立体的面料形成对比。

（2）下面 3 份打结绣作业的效果图分别运用了打结绣再造后面料的正面和反面来制作衣服。如图 10-62 所示，这款服装运用平整面料和打结绣面料拼接制作，突出了打结绣面料再造后的服装面料的肌理感和体积感，没有全身使用打结绣面料，避免了面料带来的臃肿感。

（3）如图 10-63 所示，连衣裙在局部运用了打结绣，并且巧妙借鉴打结绣边缘的褶皱和肌理，使立体面料和平整面料间有了很好的过渡，并且增强了服装的线状装饰感。

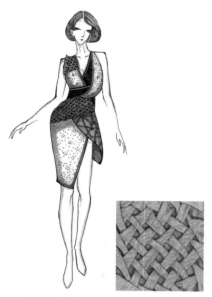

图 10-62　打结绣 1

图 10-63　打结绣 2

训练 3　刺绣 1

如图 10-64 所示，此款服装图案运用刺绣的方法进行处理，花瓣使用了立体打籽绣，花蕊使用了平绣，黑色的线迹使用回针法完成。完成后的图案平面与立体相结合，点与线的造型相结合，黄色与黑色的色彩对比，都使得图案立体而生动。服装的款式采用不对称设计，突出面料的肌理和图案，体现活泼、自由的特点。

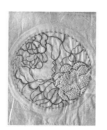

图 10-64　刺绣 1

训练 4　刺绣 2

如图 10-65 所示，此款服装运用平绣的方法在服装上刺绣出海水江涯图案。上衣是卫衣，右肩和袖口处的刺绣与裙身相呼应，腰间系扎橙色腰带与刺绣颜色形成对比。整套服装使着装者表现出自由、青春而有内涵的外观感受。

训练 5　编结

如图 10-66 所示，此款服装运用编结的工艺手法。针织上衣底边进行钩针编结，编结的针法结合辫子针、短针、长针、枣针等，编出双层的立体花型。使服装具有层次感和立体造型，花型图案增加女性柔美的感觉。

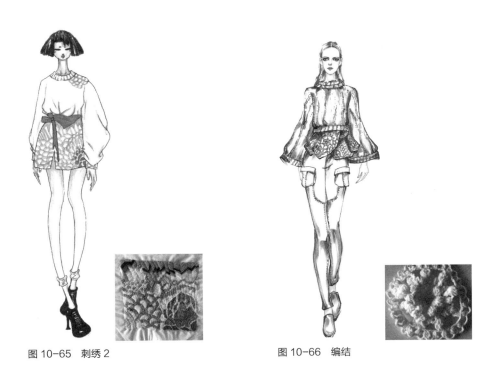

图 10-65　刺绣 2　　　　　　　　　　　　　　图 10-66　编结

实践训练二

设计并制作一件服装，要求服装面料需要经过面料再造设计。

训练 1　镂空、烧割

此款服装运用白坯布进行制作，原材料具有朴实、粗犷的质感。在白坯布的反面黏衬，增加面料的硬挺度，并且使面料改造后的边缘没有毛边。对白坯布进行的烧割处理，可以得到想要的花型，并且烧割后的边缘具有烧纸一样的棕色边缘，使得白坯布具有残缺的美（图 10-67）。

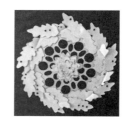

图 10-67　镂空、烧割

训练2　褶

此款服装面料为棉布和欧根纱，利用欧根纱硬挺度的特点，对它进行抽褶处理，抽褶后的面料具有肌理感、立体感和堆叠效果，使服装具有造型感。服装整体呈 A 型，上衣合体、裙身蓬体，使着装者具有活泼可爱的外观特点（图 10-68）。

图 10-68　褶

训练 3 刺绣、编结

如图 10-69 所示，此款服装的面料为太空棉，太空棉是一种面料。通过结构设计采用里、中、外三片的织物结构，从而在织物中形成空气夹层，起到保暖效果。太空棉表面光滑具有一定挺括感，设计者运用刺绣和编结的方法对面料进行改造，使原本光滑面料具有肌理感，在黑色上用几组对比色完成图案设计。从色彩对比到肌理映衬，呈现出服装的艺术感和美感。

图 10-69 刺绣、编结

本章小结

● 实现面料再造的方法有加法设计、减法设计、立体造型设计和组合设计四种，通过不同方法进行再造产生的面料效果不同。

● 加法的再造方法主要有刺绣、手绘、印染和缝缀等，这类方法可以丰富面料图案，使面料具有立体感。

● 面料的减法再造主要有抽纱、镂空、做旧和烧割等，这类方法是对面料结构产生破坏性设计，使面料具有层次感、不完整性、不同程度的立体感。

● 面料立体造型设计包括打结绣、褶皱、堆叠、造花、编结和绗缝等，使面料具有立体感、造型感和肌理效果。

● 面料的组合设计是指将两种或两种以上面料组合再造，如拼接、重叠等，由于面料的质感、色彩和光泽不同，面料组合会产生单一面料无法达到的效果。

思考题

用面料再造的方法设计一款服装，绘制服装效果图，并用面料制作再造后的面料小样。

要求：

（1）选取一块面料，分析它的特性：硬挺度、悬垂性、光滑或粗糙感、色彩等。

（2）选择适合的面料再造方法对选取的面料进行再造设计。

（3）分析再造后的面料特点，包括肌理感、图案、色彩、立体感等。

（4）将此面料运用于服装设计中，用在服装整体或局部位置。

（5）绘制效果图。

练习题

设计并制作一款服装，服装面料需要经过面料再造设计。要求：

（1）选择服装面料和面料再造的方法。

（2）思考经此方法再造后的面料特点。

（3）设计一款服装，将再造后的面料运用于服装整体或局部。

（4）绘制服装效果图。

（5）绘制服装结构图，制作服装样板，并根据纸样裁布。

（6）对面料进行再造。

（7）缝制服装。

参考文献

［1］饭塚弘子，李祖旺，等. 服装设计学概论［M］. 北京：中国轻工业出版社，2002.

［2］何人可. 工业设计史［M］. 北京：北京理工大学出版社，2000.

［3］杨先艺. 设计概论［M］. 北京：北京交通大学出版社，2010.

［4］张福昌. 视觉传达设计［M］. 北京：北京理工大学出版社，2008.

［5］冯节，叶红. 服装展示与陈列设计［M］. 上海：学林出版社，2012.

［6］王烨，王卓，董静，等. 环境艺术设计概论（第2版）［M］. 北京：中国电力出版社，2014.

［7］刘元风. 服装设计学［M］. 北京：高等教育出版社，2005.

［8］李当岐. 西洋服装史［M］. 北京：高等教育出版社，1998.

［9］刘晓刚，崔玉梅. 基础服装设计［M］. 上海：东华大学出版社，2003.

［10］袁仄，等. 服装设计学［M］. 北京：中国纺织出版社，2003.

［11］孙进辉，李军. 女装成衣设计实务［M］. 北京：中国纺织出版社，2008.

［12］李苏君，彭景荣. 三宅一生与解构主义服装［J］. 美与时代，2010（01）：105–107.

［13］竺梅芳. 三宅一生与川久保玲解构主义风格分析［J］. 大众文艺，2010（21）：115–116.

［14］李当岐. 论服装的艺术性和科学性［J］. 装饰，2001（03）：17–19.

［15］肖琼琼，肖宇强. 中西女性服饰形象的文化内涵［J］. 求索，2012（11）：256–257.

［16］安布罗斯，哈里斯·詹凯，等. 设计思维［M］. 臧迎春，贺贝，译. 北京：中国青年出版社，2010.

［17］吴增义. 联想设计思维探讨［J］. 装饰，2010（07）：109–110.

［18］袁利. 打破思维的界限［M］. 北京：中国纺织出版社，2005.

［19］崔玉梅. 服装设计基础［M］. 北京：高等教育出版社，2009.

［20］尹定邦. 设计学概论［M］. 衡阳：湖南科学科技出版社，2001.

［21］齐德金. 服装款式设计［M］. 北京：化学工业出版社，2015.

［22］刘晓刚. 服装设计概论［M］. 上海：东华大学出版社，2008.

［23］梁惠娥. 服装面料艺术再造［M］. 北京：中国纺织出版社，2012.

［24］李平. 面料再造的艺术表现力［J］. 服装设计师，2009（10）：116–119.

［25］徐蓉蓉. 服装面料创意设计［M］. 北京：化学工业出版社，2014.

［26］徐蓼芫，於琳. 服装工效学［M］. 北京：中国轻工业出版社，2008.

［27］李迎军. 服装设计［M］. 北京：清华大学出版社，2006.

［28］杨焱. 服装材料再设计与工艺［M］. 重庆：重庆大学出版社，2009.

［29］钱欣. 服装面料二次设计［M］. 上海：东华大学出版社，2009.

［30］西蒙·希佛瑞特. 时装设计元素：调研与设计［M］. 袁燕，肖红，译. 北京：中国纺织出版社，2009.

［31］石磷硖. 女装设计［M］. 重庆：西南师范大学出版社，2002.

［32］刘晓刚，胡迅，等. 女装设计（第2版）［M］. 上海：东华大学出版社，2015.

［33］ 刘元风，胡月. 服装艺术设计［M］. 北京：中国纺织出版社，2006.

［34］ 胡迅，须秋洁，陶宁，等. 女装设计（第2版）［M］. 上海：东华大学出版社，2015.

［35］ 肖文陵，李迎军. 服装设计［M］. 北京：清华大学出版社，2006.

［36］ 许星. 服饰配件艺术［M］. 北京：中国纺织出版社，2005.

［37］ 服装造型设计［M］. 北京：中国纺织出版社，1998.

［38］ 刘瑞璞. 服装纸样设计原理与技术（女装编）［M］. 北京：中国纺织出版社，2008.

［39］ 吴静芳. 服装配饰学［M］. 上海：东华大学出版社，2004.

［40］ 谢锋. 时尚之旅（第二版）［M］. 北京：中国纺织出版社，2007.

［41］ 李采姣. 时尚服装设计［M］. 北京：中国纺织出版社，2007.

［42］ 多丽丝·普瑟. 穿出影响力［M］. 北京：中国纺织出版社，2006.

图片来源

［1］ 慧聪服装网

［2］ 海报时尚网

［3］ 达美网

［4］ 中国经济网

［5］ 妆点服饰网

［6］ 新华网

［7］ 爱美网

［8］ 悦己网

［9］ 美丽网

［10］ 昵图网

［11］ 天山网

［12］ 无极图片

［13］ 光明网

［14］ 全球纺织网

［15］ 网易女人

［16］ 中国网络电视台

［17］ 品牌库

［18］ 中国设计网

［19］ 图片库

［20］ 虎门服装网

［21］ 凤凰网

［22］ 美悦时尚网

［23］ 服饰资源网

［24］ 新浪网

［25］ 中国服装网

［26］ 新画网

［27］ 中国市场调查网

［28］ 购风尚

［29］ 中国服装款式网

［30］ 国际在线网

［31］ 网易时尚网

［32］ 东快网